運動と物質

物理学へのアプローチ

穴田有一 著

共立出版株式会社

まえがき

　幼い頃，身近な自然現象にふれて，疑問をいだいたり好奇心をかきたてられたことはないでしょうか．そのような素朴な疑問に100％答えられる科学はないので，いつのまにか自然に対する好奇心を忘れてしまった人も多いと思います．それでも時には，身近な自然現象やミクロの世界，そして宇宙の不思議に興味を引かれることが，あるのではないでしょうか．物理学は自然の仕組みを解き明かす一つの切り口にすぎませんが，多くの科学技術の基礎であるだけでなく，さまざまな学問や私たちの社会に，直接または間接的に非常に大きな影響を与えてきました．そのような意味で，物理学の知識や考え方は，現代人に必要な教養の一つであると思います．

　本書は，非理工系大学学部の教養課程の物理学の教科書として執筆しました．ここで非理工系というのは，将来学部の専門課程で，物理学の知識を専門基礎知識として必要としないという意味です．

　近頃では，高校や大学入試で物理学をほとんど学習せずに，非理工系の大学学部に入学する学生が多いようです．レベルの高い教科書を，高校物理を学習していない学生諸君に噛み砕いて説明するのはたいへん困難に思われます．このような教科書の内容をことごとく解説すると，教科書の2,3割しか取り上げられないこともあります．また，このような教科書を前にして戦意を喪失する学生も多いと思います．教科書に書いてありながら，取り上げられなかった個所が気になる学生も多いと思います．

　そこで本書では，分量を少なくして，内容もやさしくすることを目指しました．やさしい内容の教科書を使って，必要ならば教員が学生のレベルに応じて補足説明したり，内容を掘り下げて説明する方が実情にあうと思います．また学生にとっても，やさしい教科書を前にした方が士気が上がるかもしれません．さらに，さまざまな事情で独学することになった社会人にとっても，多少の努力で読み進める教科書は役に立つと思います．

　このような方針で執筆し，とくに電磁気学や熱力学の部分で，筆者なりにやさしく説明をする工夫をしました．電磁気学では対象を真空の空間だけに限定

しました．そうすると，電束密度や磁束密度を必ずしも使わなくてもよいと考えたからです．物理の専門家を目指すわけではない学生に，教養としての物理学を学んでもらうとき登場する物理量や概念は，なるべく少ない方がよいと考えたからです．もともと専門的な物理量の概念を使わなくては考えにくいこれらの分野を，そのような物理量をできるだけ使わずに説明したので，不正確な記述があると思います．また，著者の浅学非才のために，誤った説明やわかりにくい説明があるかもしれません．それらについてご叱正を請いたいと思います．忌憚のないご意見とご批判をお願いします．

　本書の内容は2部構成になっています．第2章から第5章までは「運動」がテーマです．ここでは，ニュートン力学から出発し，電磁波の発生を経て特殊相対性理論の入り口に到達します．第6章から第9章までは「物質」をテーマにしています．分子運動と巨視的な物質の性質の関連や物質を使って仕事をする熱機関の原理，さらに温度について考えます．また，物質が放射する光と温度の関係から光の粒子性についてもふれています．第1章は運動の表し方で，それぞれのテーマの基礎知識です．

　このような構成になっているので，4単位科目のテキストとしてはもちろんのこと，2単位科目のテキストとしても利用できると思います．2単位科目に利用するときには，第6章から第9章だけを取り上げてもいいのではないでしょうか．

　最後になりましたが，本書を執筆する機会を与えてくださった共立出版株式会社の加藤敏博，寿日出男両氏に感謝します．また，原稿の体裁など執筆の過程で細部にわたり，吉村修司氏の助言がなければ本書は完成しなかったと思います．あらためて感謝します．

　　　2000年10月

　　　　　　　　　　　　　　　　　　　　　　　　　　　　著　者

目　　次

第1章　運動の表し方　　　*1*
　1.1　電車の運動．．．．．．．．．．．．．．．．．．．．．．．　*1*
　1.2　速度をグラフで考えよう．．．．．．．．．．．．．．．　*6*
　1.3　スケートリンクで滑る．．．．．．．．．．．．．．．．　*10*

第2章　運動を予測する　　　*16*
　2.1　慣　　性．．．．．．．．．．．．．．．．．．．．．．．．　*16*
　2.2　運動方程式と質量．．．．．．．．．．．．．．．．．．．　*22*
　2.3　いろいろな運動．．．．．．．．．．．．．．．．．．．．．　*28*

第3章　電　　気　　　*37*
　3.1　電気と力．．．．．．．．．．．．．．．．．．．．．．．．　*37*
　3.2　電気力が伝わる空間．．．．．．．．．．．．．．．．．．　*41*
　3.3　電場を求める．．．．．．．．．．．．．．．．．．．．．．　*48*

第4章　電場と磁場　　　*55*
　4.1　磁気と力．．．．．．．．．．．．．．．．．．．．．．．．　*55*
　4.2　電流と磁場．．．．．．．．．．．．．．．．．．．．．．．　*58*
　4.3　ファラデーと電磁誘導．．．．．．．．．．．．．．．．．　*65*

第5章　電磁波と光　　　*72*
　5.1　電　磁　波．．．．．．．．．．．．．．．．．．．．．．．．　*72*
　5.2　電磁波と光．．．．．．．．．．．．．．．．．．．．．．．　*77*
　5.3　光の速さに近い運動．．．．．．．．．．．．．．．．．．　*80*

第6章　物質と温度　　　87

   6.1　分子運動と運動の法則 87
   6.2　気体の分子運動と圧力 93
   6.3　気体の状態 95

第7章　物質と法則　　　104

   7.1　仕事と熱 104
   7.2　物質に仕事をさせる 110
   7.3　熱効率とエントロピー 116

第8章　光の性質　　　125

   8.1　光の進み方 125
   8.2　波の性質 131
   8.3　波としての光 136

第9章　熱から光へ　　　144

   9.1　温度と光 144
   9.2　光の粒子性 152
   9.3　原子の仕組み 156

問題解答 164
付　　録 170
参考図書 172
索　　引 173

第1章　運動の表し方

　身の回りにはどんな運動があるだろうか．ちょっと考えてみよう．あなたが街角に立っているなら，自動車，自転車，そして人の動きが見えるだろう．野球場にいるなら，野球のボールや選手，もしも7回の裏なら空中を飛び交う細長い風船も見えるかもしれない．空には飛行機，海にはヨットや貨物船がいる．さらにスケールを広げると，月，太陽，惑星が人類が誕生する以前から運動を続けている．これらの物体をただ漫然と眺めるだけなら特別な工夫は要らないが，どんな運動か人に伝えようとすると，いろいろ工夫が必要になる．この章では，運動の状態をどのように表現するか考える．

1.1　電車の運動

　疾走する新幹線と各駅停車の電車では運動の状態が違う．同じ新幹線でも，駅を出発して徐々にスピードを上げるときと，最高速度で定速走行しているときでは，運動のようすは違う．電車に限らず物体が運動する状態はさまざまである．このような運動状態は，位置や速度を数値化して考えるとはっきりする．

　【時間・位置・速さ】　あなたは，いま電車に乗っているとしよう．A駅で友達と待ち合わせしているが遅刻しそうだ．そこで，A駅で待っている友達に携帯電話で連絡することにした．電車は一つ手前のB駅を出たところだ．いまあなたがどこにいて，何分後に到着するか知らせるとしたら，なんて言ったらいいだろうか．
　ここで，つぎの2通りの言い方を考えてみよう．
①「あと3分くらいで着くよ．」
②「少し前にB駅を出て，鉄橋を渡っているところだよ．」
　ひとつ目の言い方は，直接「時間」のことを言っている．それに対して，2つ

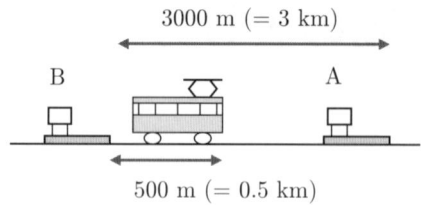

図 1.1 電車で待ち合わせ場所へ向かう

目の言い方は電車の居場所すなわち「位置」のことを言っている.

これらの言い方からわかるように，電車の運動状態には**時間**と**位置**が関係している．では，これらの言い方をもう少し考えてみよう．①の「あと 3 分くらいで着くよ．」という言い方は，電車が目的地に着く時間を直接言っているが，②では到着する時間がわからない．この場合，連絡を受けた人はそれまでの経験から電車の到着時刻を推定するだろう．では，どのように推定しているのだろうか．実際にはほとんど無意識に考えていることを，順を追って確認しながら見てみよう．

携帯電話をかけたとき電車は B 駅を出て 30 秒たっていて，B 駅から 500(m) の位置にいたとする．そうすると，電車が 1 秒間に走った距離は，

$$\frac{500(\mathrm{m})}{30(\mathrm{s})} = \frac{50}{3}(\mathrm{m/s})$$

となる．これを**速さ**という．ただし，電車は 500(m) 走る間にいつも同じ速さで走っているわけではない．ここで求めた速さは 500(m) 走る間の平均の速さである．

速さとは逆の表し方をすると，1(m) 走るのに 3/50 秒かかることになる．この計算はつぎのようになる．

$$\frac{30(\mathrm{s})}{500(\mathrm{m})} = \frac{3}{50}(\mathrm{s/m})$$

A 駅と B 駅が 3(km)(=3000(m)) 離れているとすると，残りの距離は 3000−500 = 2500(m) である．もしも，電車が A 駅までの残りの距離も同じ平均の速さで走ったとすると，所要時間はつぎのようにして見積もる．

$$2500(\mathrm{m}) \times \frac{3}{50}(\mathrm{s/m}) = 150(\mathrm{s})$$

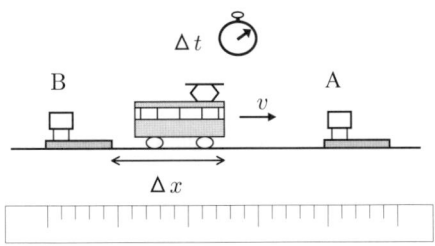

図1.2 変位 Δx(m), 時間 Δt(m), 速度 v(m/s)

すなわち，あと2分30秒でA駅に着くと推定することができる．

【平均の速さ・瞬間の速さ】 A駅に到着するまでの時間を推定するのに平均の速さを使った．移動した距離を Δx(m)，所要時間を Δt(s) と書くと，平均の速さ v(m/s) はつぎのように書くことができる．

$$v(\mathrm{m/s}) = \frac{\Delta x(\mathrm{m})}{\Delta t(\mathrm{s})} \tag{1.1}$$

このように記号を使って表すと，上で考えた場合だけでなくいろいろな場面に使える．図1.2に示したように，レールに沿って目盛りをつけたとき電車がいる位置を x(m) で表す．電車が x という位置から移動するとき，移動距離のことを**変位**といい，位置 x に記号 Δ をつけて Δx と表す．上の例でいえば，

$$\Delta x = 500(\mathrm{m}), \qquad \Delta t = 30(\mathrm{s}), \qquad v = \frac{50}{3}(\mathrm{m/s})$$

ということになる．

電車が進む向きは2つある．B駅からA駅へ向かう向きとA駅からB駅へ向かう向きである．これらを区別するために±の符号をつける．B駅からA駅へ向かう向きを＋とすると，B駅からA駅へ向かうときは，$v = +(50/3)(\mathrm{m/s})$ である．ただし，ふつう＋は省略する．反対にA駅からB駅へ向かうならば $v = -(50/3)(\mathrm{m/s})$ と表す．このように速さに向きをつけ加えたものを**速度**という．

問1.1 電車がA駅を出発してから2(km)離れたB駅に着くまで1分40秒かかった．B駅から3(km)離れたつぎのC駅まで同じ平均速度で運転する．A駅を出発してからC駅に着くまでの所要時間を求めよ．

ところで，実際の電車の速さは刻一刻と変化する．平均の速さは，このような実際の電車の速さを正確に表していない．ある時刻 t における瞬間の速度は，(1.1) 式で $\Delta t \to 0$ の極限を考えることで求められる．実際には，$\Delta t=0.001$(s) とか，$\Delta t=0.000001$(s) といった短い時間間隔で計算するが，数学的に書くと，

$$v = \lim_{\Delta t \to 0} \frac{\Delta x}{\Delta t} \tag{1.2}$$

となる．これは数学でいう微分係数である．そしてつぎのように書く．

$$v = \frac{dx}{dt} \tag{1.3}$$

これがある時刻 t 秒における速さである．微分係数の計算をすべてマスターするのは大変である．それは物理学ではなく数学で学習してもらおう．ただし，本書で出てくる微分係数の計算では，つぎの 3 つの公式と 2 つの計算ルールがわかれば十分である．

微分計算の公式

$$\frac{d}{dt}1 = 0 \tag{1.4}$$

$$\frac{d}{dt}t = 1 \tag{1.5}$$

$$\frac{d}{dt}t^2 = 2t \tag{1.6}$$

微分計算のルール　1. 微分演算子 d/dt のあとの定数は前へ出る．
　　　（例）　C を定数とする．

$$\frac{d}{dt}C = C\frac{d}{dt}1 = 0 \tag{1.7}$$

$$\frac{d}{dt}Ct = C\frac{d}{dt}t = C \tag{1.8}$$

$$\frac{d}{dt}Ct^2 = C\frac{d}{dt}t^2 = 2Ct \tag{1.9}$$

　　　2. 多項式の微分は，各項の微分の和になる．
　　　（例）

$$\frac{d}{dt}(t^2 + t + 1) = \frac{d}{dt}t^2 + \frac{d}{dt}t + \frac{d}{dt}1 = 2t + 1 \tag{1.10}$$

1.1 電車の運動

♦**例題 1.1** 電車の位置 x(m) が，$x = 3t^2$ で表されるとき，時刻 t(s) における電車の速度 v(m/s) を求めよ．

解答 時刻 t(s) における瞬間の速さは，(1.3) 式で計算する．

$$v = \frac{dx}{dt} = \frac{d}{dt}x = \frac{d}{dt}3t^2$$

微分計算のルール 1 を用いると，(1.9) 式より，

$$= 3\frac{d}{dt}t^2 = 3 \times 2t = 6t$$

となる．したがって，時刻 t(s) のときの速さは $6t$(m/s) となる．♦

問 1.2 位置 x(m) と時刻 t(s) の関係がつぎの式で表されるとき，時刻 t(s) における速度 v(m/s) を求めよ．
  (1) $x = 2t$ (2) $x = 5$

♦**例題 1.2** 電車の位置 x(m) が $x = 3t^2 + 2t + 5$ で表されるとき，時刻 t_0(s) における電車の速度 v(m/s) を求めよ．

解答 例題 1.1 と同様に計算すると以下のようになる．

$$v = \frac{dx}{dt} = \frac{d}{dt}x = \frac{d}{dt}(3t^2 + 2t + 5)$$

微分計算のルール 2 を使うと，

$$= \frac{d}{dt}3t^2 + \frac{d}{dt}2t + \frac{d}{dt}5$$

微分計算のルール 1 を使って，

$$= 3\frac{d}{dt}t^2 + 2\frac{d}{dt}t + 5\frac{d}{dt}1$$

微分計算の公式より，

$$= 3 \times 2t + 2 \times 1 + 5 \times 0 = 6t + 2$$

すなわち，$t = t_0$(s) における電車の速さは $6t_0 + 2$(m/s) である．♦

問 1.3 電車の位置 x(m) が $x = 6t^2 + 4$ で表されるとき，時刻 $t = 3$(s) における電車の速度を求めよ．

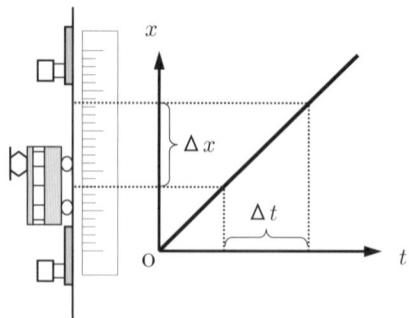

図 1.3 速度一定のときの位置と時間の関係

1.2 速度をグラフで考えよう

【速　度】 平均の速度とある瞬間の速度の違いはグラフで考えるとわかりやすい．図 1.3 は一定速度で走っている電車の位置 $x(t)$ と時刻 t の関係を表している．一定速度で運動することを**等速度運動**という．このグラフは傾きが一定の直線だが，この傾き $\Delta x/\Delta t$ が速度 v を表している．この場合はどの時刻 t で考えても，また速度を求める時間 Δt をどんなに大きくしても，小さくしても速度は同じになる．したがって，どの時刻 t でも dx/dt と $\Delta x/\Delta t$ の値は等しくなる．

ところが，実際の電車の速度は時々刻々変化する．この場合，グラフは図 1.4 のようになる．グラフを見てすぐにわかるように，平均の速度 $\Delta x/\Delta t$ の値は Δt の大きさによってことなる．ここで，Δt をうんと小さくすると $\Delta x/\Delta t$ は

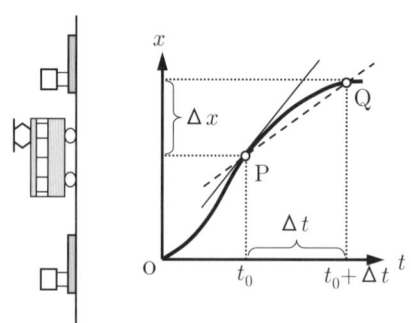

図 1.4 速度が変化するときの位置と時間の関係

時刻 t_0 における接線の傾きとほとんど同じになる．この接線の傾きがある時刻における瞬間の速度

$$v = \frac{dx}{dt} = \lim_{\Delta t \to 0} \frac{\Delta x}{\Delta t}$$

のグラフで考えた意味である．図 1.3 と違って図 1.4 では，接線の傾きすなわち瞬間の速度は時刻 t_0 の値によってことなる．

問 1.4 図 1.4 の P 点と Q 点では，速さはどちらが大きいか．

【速度と距離（変位）】 今度は，ある速度で走っている電車が進む距離を求めてみよう．

電車が速度 20(m/s) で定速運転しているとき，12 秒間に進む距離を求めてみるとつぎのようになる．

$$20(\text{m/s}) \times 12(\text{s}) = 240(\text{m})$$

では，電車の速度が変化する場合はどうだろう．時刻 $t = 0(\text{s})$ から $t = 6(\text{s})$ までの間，速度 $v(\text{m/s})$ が $v = -2t^2 + 12t$ のように変化するとき，この 6 秒間に電車が進む距離を求めてみよう．上の定速運転のときのように計算すると，$t = 0(\text{s})$ のときも $t = 6(\text{s})$ のときも $v = 0(\text{m/s})$ になる．すなわち，

$$0(\text{m/s}) \times 6(\text{s}) = 0(\text{m})$$

となり，電車はまったく進んでいないことになる．しかし，電車の速度は時刻 $t = 0(\text{s})$ から $t = 6(\text{s})$ までの間 0(m/s) ではなく，最も速いときには 18(m/s) で走っている．

この問題はグラフで考えるとよくわかる．はじめの定速運転では v と t の関係が図 1.5 のようになる．240(m) という距離は，この図で斜線を引いた部分の面積である．

では，速度が変化する場合はどうかというと，この場合も図 1.6 の斜線部分の面積なのである．この面積は確かに 0 ではないから，電車はちゃんと進んでいることになる．では，この面積はどのようにして求めたらいいだろう．斜線部分を方眼紙に写し取って方眼紙の桝目の数を数えたり，斜線部分を切り取って精密に重さを量ってもよいが，もっと手間のかからない方法が数学で用意されている．定積分である．図 1.6 の面積を定積分で計算する前に，定積分に不

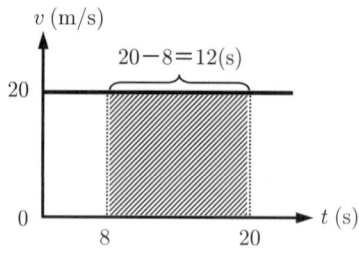

図1.5 速度一定のときの速度と時間の関係

慣れな諸君のために計算の公式とルールをまとめておく．

$t = a$ から $t = b$ までの変位を求めるときには，つぎの積分公式をよく使う．

積分計算の公式
$$\int_a^b dt = [t]_a^b = b - a \tag{1.11}$$

$$\int_a^b t\, dt = \left[\frac{1}{2}t^2\right]_a^b = \frac{1}{2}(b^2 - a^2) \tag{1.12}$$

$$\int_a^b t^2\, dt = \left[\frac{1}{3}t^3\right]_a^b = \frac{1}{3}(b^3 - a^3) \tag{1.13}$$

積分計算のルール 1. 積分記号 $\int_a^b$ と dt の間の定数は $\int_a^b$ の前へ出る．
（例） C を定数とする．

$$\int_a^b C\, dt = C \int_a^b dt = C(b-a) \tag{1.14}$$

$$\int_a^b Ct\, dt = C \int_a^b t\, dt = \frac{C}{2}(b^2 - a^2) \tag{1.15}$$

$$\int_a^b Ct^2 dt = C \int_a^b t^2\, dt = \frac{C}{3}(b^3 - a^3) \tag{1.16}$$

2. 多項式の積分は，各項の積分の和になる．
（例）

$$\int_a^b (t^2 + t + 1)dt = \int_a^b t^2\, dt + \int_a^b t\, dt + \int_a^b 1\, dt$$
$$= \frac{1}{3}(b^3 - a^3) + \frac{1}{2}(b^2 - a^2) + b - a \tag{1.17}$$

1.2 速度をグラフで考えよう

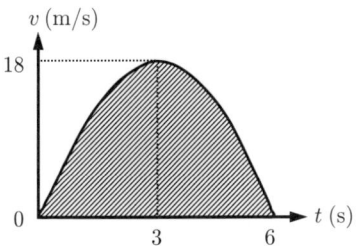

図 1.6 速度が変化するときの速度と時間の関係

では，図 1.6 の斜線部の面積すなわち $t=0$ から $t=6(\mathrm{s})$ までの変位を計算しよう．

$$\int_0^6 v\,dt = \int_0^6 (-2t^2+12t)dt = \int_0^6 (-2t^2)dt + \int_0^6 12t\,dt$$

(1.15) 式と (1.16) 式を用いて計算すると，

$$= -2\int_0^6 t^2\,dt + 12\int_0^6 t\,dt$$
$$= -2\times\frac{1}{3}(6^3-0^3) + 12\times\frac{1}{2}(6^2-0^2) = 72(\mathrm{m})$$

となる．これが変位すなわち電車が進んだ距離である．

♦例題 1.3 電車が速度 $v=2.5t(\mathrm{m/s})$ で動いている．$t=2(\mathrm{s})$ から $t=8(\mathrm{s})$ の間に進む距離 (変位) を求めよ．

解答 速度と時間の関係をグラフにすると図 1.7 のようになる．斜線部分の面積がこれから求める距離（変位）である．(1.15) 式を使って計算すると以下のようになる．

$$\int_2^8 v\,dt = \int_2^8 2.5t\,dt = 2.5\int_2^8 t\,dt = 2.5\times\frac{1}{2}(8^2-2^2) = 75(\mathrm{m})$$

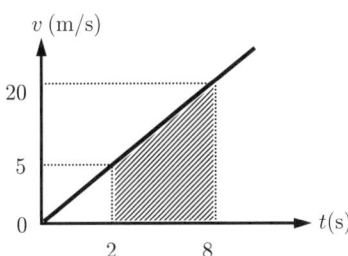

図 1.7 $v=2.5t$ のグラフ

すなわち，電車は 75(m) 進む．　　　　　　　　　　　　　　　　　　　　　　　　◆

問 1.5　例題 1.3 で求めた電車が進む距離(変位)を，図 1.7 の斜線部分に台形の面積公式を適用して求めよ．

問 1.6　速度と時間の関係が $v = 5t + 2(\mathrm{m/s})$ で表されるとき，$t = 0(\mathrm{s})$ から $t = 4(\mathrm{s})$ までの間の変位を積分で求めよ．また，図形の面積公式を使った計算結果と同じになることを確かめよ．

1.3　スケートリンクで滑る

【**座　標**】　電車はレールの上だけを走るので進む方向は 2 つだけである．また，電車の位置はレールに沿った物差しひとつで測ればよい．では，スケートリンクで滑るときはどうだろう．スピードスケートのレースは別として，遊びで滑ったり，フィギュアスケートの選手が滑るときは，360 度どんな方向へも滑ることになる．このとき，リンクのどこにいるかを表すには 2 つの物差しが必要になる．

よく使われるのは直交する 2 つの物差しを使う方法である．これらの物差しの目盛りの一組を**座標**という．物差しのことを**座標軸**という．直交する物差し(座標軸)で位置を表す方法を**直交座標**という．直交座標は**デカルト座標**と呼ばれるものの一つである．2 つの物差し(座標軸)を目盛り 0 で交わるように置く．そして，この位置を**原点**という．

図 1.8 で，スケーターの位置が $x = 22(\mathrm{m})$, $y = 9(\mathrm{m})$ だとすると座標は $(22, 9)$ と表す．なお，特定の位置ではなくどんな位置でもいいような一般的な場合には (x, y) のように表す．物理では，むしろこのように表すことの方が多い．

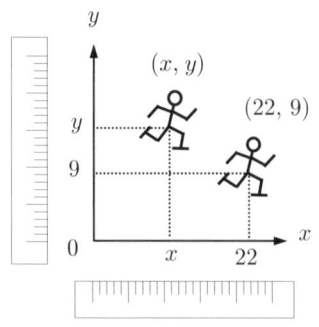

図 1.8　直交座標

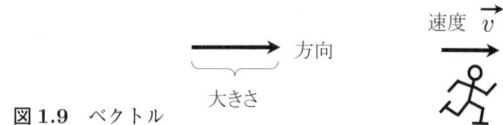

図1.9 ベクトル

【ベクトル】 また，運動する方向を表すには ± の 2 通りでは足りない．無数にある運動方向を表すには**ベクトル**という量を使う．ふつうの数値は大きさだけしか表さない．これに対して，ベクトルは大きさと方向をもつ．ベクトルは，幾何学的には図1.9のような矢印で表す．矢印の長さが大きさであり，矢印が向いている方向がベクトルの方向である．したがって，スケーターの速度のような物理量を表すのに適している．ベクトルを記号で書くときは $\vec{v}$ のように矢印をつけて表す．

ベクトルで位置を表すこともできる．図1.10のように，原点 O からスケーターの位置 P へ引いたベクトル $\vec{r}$ でスケーターの位置を表す．このベクトルを $\overrightarrow{\mathrm{OP}}$ と書いてもよい．原点から始まって物体の位置で終わるベクトルを**位置ベクトル**という．位置ベクトルは原点からの位置を表すのだから勝手に動かすことはできない．しかし，ふつうのベクトルは大きさと方向だけが意味をもつので，平行に動かしてもかまわない．

スケーターが P 点から P′ 点へ移動するとき，スケーターの変位は $\overrightarrow{\mathrm{PP'}}$ というベクトルで表すことができる．P 点と P′ 点の位置ベクトル $\vec{r}$ と $\vec{r'}$ を使って変位を表してみよう．変位 $\overrightarrow{\mathrm{PP'}}$ を $\overrightarrow{\Delta r}$ と書くことにすると，

$$\overrightarrow{\Delta r} = \vec{r'} - \vec{r} \tag{1.18}$$

という関係になっている．これはつぎのように書き換えた方がわかりやすいか

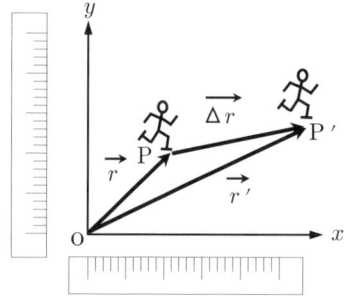

図1.10 位置ベクトルと変位

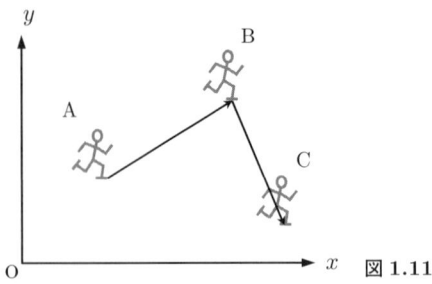
図 1.11

もしれない．

$$\vec{r} + \overrightarrow{\Delta r} = \vec{r'} \tag{1.19}$$

つまり，この式の左辺はスケーターが P 点を経て P′ 点に達するというプロセスを表している．それに対して右辺は，スケーターが P′ 点にいるという結果を表している．

問 1.7 図 1.11 でスケーターが A 点から滑り始めて B 点を経て C 点に達した．C 点の位置ベクトル $\vec{r}$ と A 点から C 点までの変位ベクトル $\overrightarrow{\Delta r}$ を図に示せ．

スケーターが，Δt 秒間に $\overrightarrow{\Delta r}$ の方向に $\Delta r(\mathrm{m})$ 動いたときの速度 $\vec{v}$ は，つぎのように表すことができる．

$$\vec{v} = \frac{\overrightarrow{\Delta r}}{\Delta t} \tag{1.20}$$

これは，もちろん平均の速度を表している．ある時刻 $t(\mathrm{s})$ における瞬間の速度は，つぎの式で表される．

$$\vec{v} = \lim_{\Delta t \to 0} \frac{\overrightarrow{\Delta r}}{\Delta t} = \frac{d\vec{r}}{dt} \tag{1.21}$$

フィギュアスケートの選手が，速度 $\vec{v}$ で滑っているとしよう．スケートリンクを真上から見ると，選手の速度は $\vec{v}$ である．しかし，図 1.12 の観客 A から見ると速度 $\vec{v}_x$ で滑っているように見える．同様に，観客 B から見ると，速度 $\vec{v}_y$ で滑っているように見える．速度ベクトルを $\vec{v}_x$，$\vec{v}_y$ に分けることを**ベクトルの分解**という．

また図 1.13 のように，横向きに速度 $\vec{v}_x$ で滑っているスケーターがもう一人のスケーターに縦方向に速度 $\vec{v}_y$ で押されると，真上から見た速度は $\vec{v}$ になる．

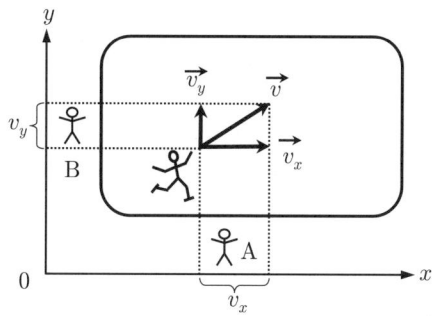

図 1.12　ベクトルの分解

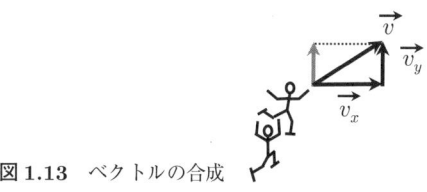

図 1.13　ベクトルの合成

これを**ベクトルの合成**という．ベクトル $\vec{v}$ は $\vec{v}_x$, $\vec{v}_y$ を 2 辺とする平行四辺形の対角線になっている．ベクトルの分解と合成は，幾何学的には同じ図形を表している．

問 1.8　風船が鉛直上向きに $1(\mathrm{m/s})$ の速さで上昇していたところへ，水平方向に風速 $1(\mathrm{m/s})$ の横風が吹いてきた．風船が上昇する方向はどうなるか．

【単位】　最後に，単位についてふれておこう．ここまで，m（メートル），s（秒），m/s（メートル毎秒）という単位が登場してきた．これらについてはよく知っているだろう．長さや時間など物理量を数値で表すには尺度がいる．長さを測るには物差しが必要だ．しかし，物差しにもいろいろな種類がある．アメリカではインチ，フィートなどで長さを測る．日本では昔，寸，尺という目盛りで長さを測っていた．

どういう物差しを使うか決めておかないと数値だけでは実際の長さがわからない．そのような理由から決められた単位の体系がいくつかあるが，その中のひとつに**国際単位系**がある．最近は，特別な問題がない限り国際単位が使われる．国際単位は **SI 単位**と言われることもある．国際単位系では 7 つの**基本単位**と 2 つの補助単位が定められている．基本単位のうち本書で登場するものをあげる．

本書に登場する基本単位 長さ：m（メートル） 質量：kg（キログラム） 時間：s（秒） 電流：A（アンペア） 熱力学的温度：K（ケルビン） 物質量：mol（モル）

速さの単位 m/s は，これらの基本単位からつぎのようにして導かれる．

$$速さの単位 = \frac{変位の単位}{時間の単位} = \frac{\mathrm{m}}{\mathrm{s}} = \mathrm{m/s}$$

このように，基本単位から導かれる単位を**組立単位**という．20 の組立単位には特別に記号が決められている．それらは付録に示したが，いくつか例をあげておこう．

組立単位の例 力：N（ニュートン）$=\mathrm{kg\,m/s^2}$ エネルギー：J（ジュール）$=\mathrm{kg\,m^2/s^2}$ 振動数：Hz（ヘルツ）$=1/\mathrm{s}$ 電気量：C（クーロン）$=\mathrm{As}$

問 1.9 つぎの物理量の組立単位を導け．
(1) 体積（= 長さ × 長さ × 長さ）　　(2) 圧力（= 力 ÷ 面積）

演習問題 1

1. 電車の位置 $x(\mathrm{m})$ が $-4t^2 + 12t + 9$ と表されるとき，$t=4(\mathrm{s})$ のときの速さを求めよ．
2. 電車の速さ $v(\mathrm{m/s})$ が $9t^2 - 6t + 4$ と表されるとき，$t=1(\mathrm{s})$ から $t=3(\mathrm{s})$ までの間の変位を求めよ．
3. あるビルのエレベーターは 1 階から最上階まで，途中は止まらずに上昇すると 15 秒かかる．そのときの速度と時間の関係は図 1.14 のようになって

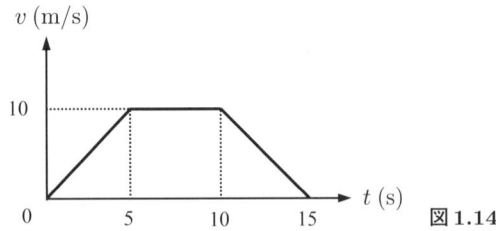

図 1.14

いる．1階から最上階までエレベーターが上昇した距離を求めよ．

4. O点から北へ5(m)離れた点をAとし，A点から西へ5(m)離れた点をBとする．O点を原点とするときB点の位置ベクトルの大きさと方向を答えよ．

5. 自動車が時速30kmで東の方向に20分間走ったあと，北に向きを変えて時速40kmで15分間走って目的地に着いた．この自動車の走行距離は何kmか．また，出発点から見て目的地はどんな方向か．

6. 流れのないところなら1.0(m/s)で泳げる人が，幅が500(m)で流速0.6(m/s)で流れる川を泳いで渡ることにする．岸に垂直な方向に泳ぎきるとすると時間はどれだけかかるか．

第2章　運動を予測する

　ちょっと周りを見回すと，私たちの身の回りはいろいろな運動であふれている．道路には自動車が走っているし，サッカー場ではボールが飛び回っている．このようないろいろな運動は，あるルールにしたがって起こっている．ただし，人間がつくったルールではない．
　ここでは，物体の運動のルールすなわち自然法則について考える．この法則は運動法則と呼ばれ，3つある．これらはアイザック・ニュートンによって明らかにされた．これらの運動法則にもとづいて，物体の運動を理解する方法をニュートン力学と呼んでいる．

2.1　慣　　性

　【慣性の法則】　図 2.1 を見てもらいたい．あなたは今，電車の中で立っている人 B だとしよう．考えごとをしているときに駅で停まっていた電車が発車した．さあ，あなたはどうなるだろう．多分倒れそうになるだろう．電車は速度を上げやがて定速運転になる．このときは，あなたはつり革につかまらなくても倒れないだろう．
　さて，このあとの電車の運動についてつぎの2つの場合を考えてみよう．
①**定速運転**：電車は定速運転を続ける．B さんがポケットからボールを取り出し，図 2.1 のように電車の床に置いたとしよう．ボールと床の摩擦はないとする．このとき摩擦がなくてもボールは置かれたところに静止したまま動かない．この状態で電車がある駅を通過した．その駅には A さんが立っていた．A さんから見ると，ボールは電車と一緒に一定速度で動いているように見える．
　このとき，A さんや B さんから見たボールの運動にはつぎの**慣性の法則**がなりたっている．

2.1 慣　性

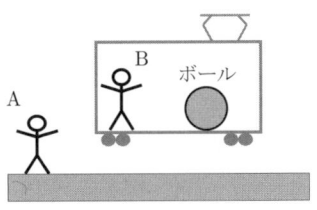

図 2.1　電車内のボールの運動

> **慣性の法則**　物体に力を及ぼさない限り，物体の速度は変化しない．

この法則をニュートンの**運動の第 1 法則**という．慣性の法則がなりたつように見える観測者のことを**慣性系**という．ホームにいる A さんや一定速度で運動する B さんは慣性系である．

②**減速運転**：電車が停車駅に近づきブレーキをかけた．電車の中で立っていた B さんは倒れそうになる．このとき，床に置いてあったボールはどうなるだろうか．B さんから見てボールは電車の進行方向に動くだろう．だれもボールにさわらなくてもボールの速度が変化するのである．これを停車駅のホームにいる A さんが観察すると，ボールは減速する前の電車の速度で動き続けているだけである．つまり，物体の運動にはそれまでの運動を続けようとする性質がある．この性質のことを**慣性**という．

　減速する電車の中では慣性のために止まっていたボールが動き出す．力がはたらかないのにボールの速度が変化するのだから，慣性の法則にあわない．このときには，B さんは慣性系ではない．一方，A さんから見れば，ボールの運動には慣性の法則がなりたっている．したがって，A さんは慣性系である．

　慣性の法則が A さんではなりたって慣性系でない B さんではなりたたないというのは，物理法則として一般性がない．そこで B さんの立場では，慣性の法則に書かれている「物体に力を及ぼさない限り」，という条件がなりたたないと考えることにする．減速する電車内に置いたボールには力がはたらいていると考えることにする．これは本当にはたらく力ではないので**見かけの力**と呼ばれる．また，慣性のためにボールが動いて見えるのだから**慣性力**ともいう．慣性力については，つぎの 2.2 節でもう一度考えることにしよう．

【ガリレイ変換】 物体の運動を観測する人には，A さんや①の B さんのような慣性系という立場と，②の B さんのような慣性系でない立場がある．慣性の法則は，慣性系という観測者が存在するといっているのである．では，慣性系から物体の運動を見るとどのように見えるだろうか．つぎの例題で考えてみよう．

♦例題 2.1 ある駅のホームにいる A さんの前を一定の速度 V(m/s) で快速電車が通過する．駅のホームに固定した座標軸を x，快速電車に固定した座標軸を x' とする．座標 x(m) と座標 x'(m) の関係を調べよ．ただし，電車に固定した x' 座標の原点 O′ が，ホームに固定した x 座標の原点 O を通過した時点から Δt(s) 過ぎたときを考える．

解答 電車に固定した座標の原点 O′ を，ホームに固定した座標から見た位置を x_0(m) とする．このとき，図 2.2 からわかるようにつぎの関係がなりたつ．

$$x = x' + x_0$$

ここで $x_0 = V\Delta t$ であるから，上の関係は，

$$x = x' + V\Delta t, \quad \text{すなわち}, \quad x' = x - V\Delta t \tag{2.1}$$

となる． ♦

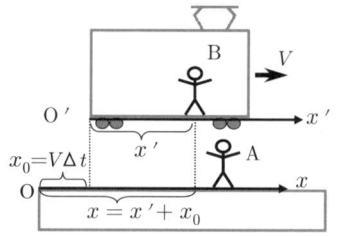

図 2.2 電車内の人の位置

問 2.1 快速電車が速さ 10(m/s) である駅を通過するとき，駅のホームに立っている A さんがちょうど目の前に電車の中で立っている B さんを見つけた．電車の先頭がホームの端に差しかかってから 4 秒後に A さんは B さんを見つけた．また A さんが立っていたのは，電車が進入してくる方のホームの端から 30(m) 離れたところだった．B さんは電車の先頭から何 m のところに立っていたか．

♦例題 2.2 速度 V(m/s) で走る電車の中で電車の進行方向に歩いている人がいる．電車の中で座っている人から見ると，歩いている人は Δt 秒間に $\Delta x'$(m)

移動した．この電車が通過する駅のホームの人が見ると，電車の中で歩いている人は同じ時間に $\Delta x(\mathrm{m})$ 移動したように見えた．V, Δt, Δx, $\Delta x'$ の関係を調べよ．

解答 図2.3のように，電車に固定した座標軸を x'，ホームに固定した座標軸を x とする．電車内で歩く人は Δt 秒間に P 点 $(x = x_1')$ から Q 点 $(x = x_2')$ まで歩いたとする．駅のホームから見たときの P 点，Q 点の座標はそれぞれ $x = x_1$, $x = x_2$ とする．電車が Δt 秒間に $x_0(\mathrm{m})$ 進むと x_1', x_2' はつぎのように表される．

$$x_1' = x_1, \qquad x_2' = x_2 - x_0$$

これらの式を引き算し，$\Delta x = x_2 - x_1$, $\Delta x' = x_2' - x_1'$ と置くと，

$$\Delta x' = \Delta x - x_0$$

である．ここで，$x_0 = V\Delta t$ であるから，

$$\Delta x' = \Delta x - V\Delta t$$

という関係がなりたつ．両辺を Δt で割ると，

$$\frac{\Delta x'}{\Delta t} = \frac{\Delta x}{\Delta t} - V$$

となる． ♦

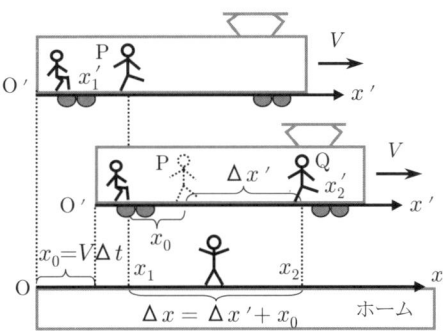

図2.3 電車内で歩く人の変位

$\Delta x/\Delta t$ と $\Delta x'/\Delta t$ はそれぞれホームおよび電車の中から見た歩いている人の速度である．それらをそれぞれ v, v' と表すと，

$$v' = v - V \tag{2.2}$$

となる．

問 2.2 時速 60km で走る電車の中で電車の進行方向と反対向きに歩いている人がいる．電車の中で座っている人から見ると，歩いている人の速さは時速 6km だった．この電車が通過する駅から見ると，電車の中で歩いている人はどちら向きに進むか．また，1 分間に何 m 移動したように見えるか．

例題 2.1 および例題 2.2 で求めた (2.1) 式と (2.2) 式は，慣性系どうしの位置と速度の変換を定める．これを**ガリレイ変換**という．

【加速度】 等速度運動する電車や，駅のホームのような慣性系での物体の運動を考えてみよう．駅のホームにスケートボードに乗った人がいるとしよう．この人が隣にいる人に背中を押されて動いた．動き始めた人をさらに押すと速度が増える．つまり加速する．

図 2.4　加　速

加速の程度を数値で表し，大きさを比較できるようにするものが**加速度**である．Δt 秒間に速度が Δv 増えたとすると，加速度 $a(\mathrm{m/s^2})$ は，

$$a = \frac{\Delta v}{\Delta t} \tag{2.3}$$

となる．加速度の単位 $\mathrm{m/s^2}$ は，速度変化 Δv の単位 $(\mathrm{m/s})$ を時間変化 Δt の単位 (s) で割ることによって求められる．(2.3) 式は Δt 秒間の平均の加速度である．

第 1 章で説明した速度の場合と同様に，時刻 t における瞬間の加速度は Δt を十分小さくしたときの値である．すなわち，

$$a = \lim_{\Delta t \to 0} \frac{\Delta v}{\Delta t} = \frac{dv}{dt} \tag{2.4}$$

が瞬間の加速度になる．また $v = dx/dt$ であるから，(2.4) 式はつぎのようにも書くことができる．

$$a = \frac{d^2 x}{dt^2} \tag{2.5}$$

問 2.3 速度 v(m/s) がつぎの式で表されるとする．それぞれの加速度を求めよ．

(1) $v = 3$　　(2) $v = 5t$

速度も加速度も，大きさだけでなく方向がある．方向と大きさをまとめて表すにはベクトルを使う．速度ベクトルは第 1 章 1.3 節で説明したが，加速度も同じである．

【加速度から速度を求める】 第 1 章 1.2 節で，速度から移動距離（変位）を求める方法を説明した．同じように，加速度から速度を求めることができる．これは，グラフで考えるとわかりやすい．つぎの例題で考えてみよう．

♦例題 2.3 スケートボードに乗った人が一定の加速度 0.3(m/s^2) で運動している．5 秒間に速度はどれだけ増えるか．また，初め速度が 2(m/s) だったとすると速度はいくらになるか．

解答 加速度を時間で定積分すると速度の変化が求められる．これは，加速度と時間のグラフを描いて面積を求めることと同じである．この場合は図 2.5 からわかるように，定積分するまでもなく長方形の面積としてすぐに求められる．

$$\Delta v = 0.3 \times 5 = 1.5 \text{(m/s)}$$

つまり，5 秒間に速度は 1.5(m/s) 増える．念のために定積分も計算してみよう．

$$\Delta v = \int_0^5 a\,dt = \int_0^5 0.3\,dt = 0.3 \int_0^5 dt = 0.3 \times (5-0) = 1.5 \text{(m/s)}$$

最終的な速度は，初めの速度 2(m/s) に上で求めた速度の増加分を加えればよいから，

$$2 + 1.5 = 3.5 \text{(m/s)}$$

となる．　　　　　　　　　　　　　　　　　　　　　　　　　　　　♦

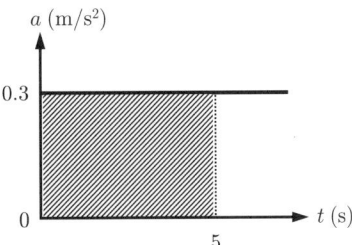

図 2.5　加速度一定の運動

問 2.4 $9.8(\mathrm{m/s^2})$ の加速度で運動している物体がある．$t=0(\mathrm{s})$ のとき速度は $5.0(\mathrm{m/s})$ だった．$t=4(\mathrm{s})$ のときの速度を求めよ．

2.2 運動方程式と質量

【運動方程式】 自転車をこぎ始めるときには大きな力がいる．ある程度速度が上がってしまうとあまり力を入れなくても自転車は走る．しかし，もっと速度を上げようとすると，また大きな力がいる．このことから，速度を増やすには大きな力が必要になることがわかる．速度が増大する割合は加速度 $a(\mathrm{m/s^2})$ で表されるから，加速度の大きさは力の大きさに比例する．

力を F という記号で表すと，この関係はつぎの式で表すことができる．

$$a = CF \quad (C \text{ は定数})$$

国際単位では力の単位は N（ニュートン）である．N という単位で表された力は実感としてどれくらいの大きさの力だろうか．1(N) という力の大きさは，約 0.1(kg) の物体を持ったとき手が感じる重さに相当する．これについてはつぎの 2.3 節でもう一度考えることにしよう．

今度は自転車の後ろに友人を乗せてみよう．一人で乗っていたときと同じくらいの力しか使わなければ自転車の速度はあまり上がらない．すなわち，質量が大きいと小さな加速度しか生じない．このことから，上の式にある比例定数 C を質量 m の逆数と考えるとつぎの関係がなりたつ．

$$a = \frac{1}{m}F$$

この式で表される法則をニュートンの**運動の第 2 法則**という．ふつうつぎの形で表され，**運動方程式**とも呼ばれる．

運動方程式	$ma = F$	(2.6)

運動の第 2 法則を応用することで身の回りのいろいろな運動の未来を予測することができる．それについてはつぎの 2.3 節で考よう．

【質 量】 上で考えたように，質量が大きいと生じる加速度は小さい．つまり動きにくい．反対の言い方をすれば，質量の大きなものの運動を止めるのは難しい．このことから，質量はそれまでの運動状態を持続しようとする性質，つ

まり慣性の大きさを表すものであることがわかる．この意味で，運動方程式に含まれる質量のことを**慣性質量**と呼ぶことがあり，厳密には物体の重さとしての質量（**重力質量**）と区別する．しかしながら，両者の大きさにはほとんど違いがない．本書ではどちらも質量と呼ぶことにする．

日常経験をあまり深く考えなければ，力がはたらかないときには物体は動かないと考えてしまう．机の上の鉛筆を指ではじいてもすぐに止まることからも，この考えは正しいように思う．このような考えは古代ギリシャの哲学者アリストテレスに由来する．しかし，スケートボードに乗ったときやスケートリンクでスケートを履いたときは，野球でホームベースに滑り込んだときよりもずっと長く運動する．

このようにいろいろな運動を注意深く観察すると，地面と物体の間ではたらく摩擦力があるために物体の運動がさまたげられるということに気がつく．つまり，力を加えなくても運動は持続するということが理解できるだろう．すなわち，力がはたらかなければ加速度がなくなるだけであり，速度は依然として0にはならないというのが，自然の真の姿である．これを表現するのが運動の法則である．

問 2.5 スケートボードに乗った人を押したら $2.5 (\text{m/s}^2)$ の加速度が生じた．この人とスケートボードを合わせた質量が $62 (\text{kg})$ だとすると，押した力の大きさはいくらか．

【ガリレイの相対性原理】 例題2.1と2.2で，物体の運動が慣性系からどのように見えるか考えた．では，慣性系から見たときに物体の運動方程式はどのように表されるだろう．

問 2.6 $20(\text{m/s})$ で定速運転する快速電車がある駅を通過する．このとき，電車の中を進行方向に歩いている人の速さが $1(\text{m/s})$ から $3(\text{m/s})$ に増えたとする．電車の中で歩いている人を，電車の中から見たときと駅のホームから見たときの平均の加速度が同じ大きさになることを確かめよ．

運動する物体の加速度はどの慣性系から見ても同じ大きさになる．図2.6のように，一定の速度 $V(\text{m/s})$ で駅を通過する電車の中で歩く人Cの速度が Δt 秒間に $v'_1(\text{m/s})$ から $v'_2(\text{m/s})$ に変化したとする．これを，駅のホームにいるA

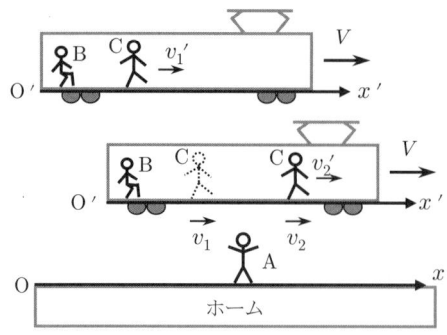

図 2.6 電車内で歩く人の加速度

さんから見たときの速度が v_1(m/s) から v_2(m/s) に変化したとしよう．このとき，ガリレイ変換 (2.2) からつぎの関係がなりたつ．

$$v'_1 = v_1 - V \tag{2.7}$$

$$v'_2 = v_2 - V \tag{2.8}$$

(2.8) 式から (2.7) 式を引き算すると，電車の中で座っている B さんとホームの A さんそれぞれから見た速度の変化 $\Delta v' = v'_2 - v'_1$ と $\Delta v = v_2 - v_1$ の関係は，つぎのようになる．

$$\Delta v' = \Delta v \tag{2.9}$$

したがって，A さんと B さんそれぞれから見た加速度 a, a' は，

$$a = \frac{\Delta v}{\Delta t} = \frac{\Delta v'}{\Delta t} = a' \tag{2.10}$$

となって等しい．

ところで，質量 m(kg) の物体に力 F(N) がはたらくとき，運動方程式は

$$ma = F$$

という式で表された．したがって，等速度運動する電車から見ても駅のホームから見ても，物体の加速度が同じならば運動方程式は同じ方程式で表されることになる．

2.1 節で等速度運動する観測者のことを慣性系と呼んだ．A さんも B さんも慣性系であるから，どんな慣性系でも**ガリレイ変換によって運動方程式は変わ**

らず，同じ形でなりたつ．これを，**ガリレイの相対性原理**という．つまり，どんな慣性系でも同じ力学法則がなりたつのである．

問 2.7 一定速度の特急列車で乗務員が質量 m(kg) の車内販売のワゴンを力 F(N) で押している．列車内の乗客が見たときと列車が通過するホームから見たときで，ワゴンの運動方程式が同じ式になることを確かめよ．

【**慣性力**】 今度は，加速度運動する観測者から見た物体の運動はどうなるか考えてみよう．

図 2.6 と同じように，電車の通路を歩いている人 C がいるとしよう．ただし今度は電車が加速していて，Δt 秒間に速度が V(m/s) から V'(m/s) に変化したとする．電車内の B さんが見たときと駅のホームにいる A さんが見たときの C さんの速度に，ガリレイ変換を使うとつぎのようになる．

$$v'_1 = v_1 - V \tag{2.11}$$

$$v'_2 = v_2 - V' \tag{2.12}$$

これは (2.7) 式や (2.8) 式と同じような関係だが，電車の速度が変化しているところが違う．したがって，(2.11) 式と (2.12) 式を引き算して得られる関係は (1.11) 式と少し違ってくる．

$$\Delta v' = \Delta v - \Delta V \quad (\Delta V = V' - V) \tag{2.13}$$

そうすると，A さんと B さんが見たときの，電車内で歩いている人の加速度 a, a' はつぎのようになる．

$$a = \frac{\Delta v}{\Delta t} \tag{2.14}$$

$$a' = \frac{\Delta v'}{\Delta t} = \frac{\Delta v}{\Delta t} - \frac{\Delta V}{\Delta t} \tag{2.15}$$

したがって，電車の外にいる A さんが見たとき C さんの運動方程式は，

$$ma = F \tag{2.16}$$

であるが，B さんが見たときにはつぎのようになる．

$$ma' = m\left(\frac{\Delta v}{\Delta t} - \frac{\Delta V}{\Delta t}\right) = m\frac{\Delta v}{\Delta t} - m\frac{\Delta V}{\Delta t}$$

$$\therefore ma' = F - m\frac{\Delta V}{\Delta t} \tag{2.17}$$

すなわち，加速している電車内で歩いているCさんの運動方程式は電車の外と中とでは違った方程式になる．この場合にはガリレイ変換がなりたたないことになる．

ところで，運動方程式 (2.16) と (2.17) の右辺はCさんにはたらく力を表す．電車の中のBさんから見た運動方程式 (2.17) の右辺にある $-m(\Delta V/\Delta t)$ は 2.1 節でもふれた**慣性力**である．$\Delta V/\Delta t$ は電車の加速度である．慣性力にマイナスがついているのは，この力が電車の加速方向と反対方向にはたらくことを表している．

♦**例題 2.4** 一定速度で運転する特急列車の通路に車内販売のワゴンが置かれていた．列車が加速度 $a_0(\mathrm{m/s^2})$ で速度を上げた．このとき，列車内の乗客と通過駅のホームにいる人が見たワゴンの運動方程式を求めよ．ただし，ワゴンの質量を $m(\mathrm{kg})$ とし，ワゴンの運動について摩擦を考えないことにする．

解答 ワゴンは床に置かれているだけであり，摩擦も考えないのでワゴンには力がはたらいていない．つまり，$F = 0$ である．駅のホームから見るとワゴンは列車が加速する前の速度で等速度運動しているだけである．したがって，ホームから見たワゴンの加速度を $a(\mathrm{m/s^2})$ とすると，運動方程式はつぎのようになる．

$$ma = 0$$

列車が加速すると列車内のワゴンには慣性力がはたらく．列車の加速度が $a_0(\mathrm{m/s^2})$ であるから慣性力は $ma_0(\mathrm{N})$ である．そして，列車の加速度の方向と反対方向にはたらく．したがって，列車内の人が見たワゴンの運動方程式は，

$$ma' = -ma_0$$

と表される．$a'(\mathrm{m/s^2})$ は列車内から見たワゴンの加速度である．慣性力があるために，列車内ではワゴンは動きだすことになる． ♦

【**作用と反作用**】 スケートボードに乗った人 A, B がいて，A が B を押したとしよう．押された B はもちろん動くが押した A も動くだろう．ただし，A の動く向きは B とは反対向きである．つまり，A にも加速度が生じたわけである．

運動の法則からわかるように，加速度を生じたということはその物体に力がはたらいたということであるから，A にも力がはたらいたことになる．

物体に力がはたらくことを作用という．これら A，B にはたらく力は大きさが等しいが作用する向きは反対である．これを**作用反作用の法則**という．A が B に及ぼした力を F，A に対する反作用の力を F' とすると，この法則はつぎのように表すこともできる．

作用反作用の法則 $\qquad F' = -F \qquad\qquad (2.18)$

作用反作用の法則はニュートンの**運動の第 3 法則**ともいう．

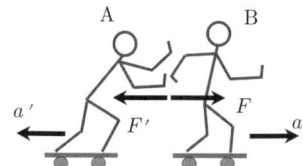

図 2.7 作用と反作用

問 2.8 プールで伏し浮きの姿勢をとり，プールサイドをけったとする．このとき足には反作用の力がはたらく．今度は，プールサイドから離れたところで同じように足で水をけったとする．それぞれの場合で反作用の力の大きさは違うだろうか．違うとしたらどうしてか考えよ．

【**質量の決め方**】 作用反作用の法則と運動の法則から質量(慣性質量)を定義することができる．A，B 2 人の質量を m'，m とし，それぞれに生じた加速度を a'，a とすると，2 人の運動方程式はつぎのようになる．

$$ma = F, \qquad m'a' = -F$$

これらの式の各辺を足すとつぎのようになる．

$$ma + m'a' = 0$$
$$\therefore m = -\frac{a'}{a}m' \qquad\qquad (2.19)$$

m' を質量の基準値として決めておき，a と a' を測定すると (2.19) 式から m の大きさが決まる．

問 2.9 A, B の 2 人がそれぞれスケートボードに乗っている．A が B の腕を引っ張ったところ B は $5(\mathrm{m/s^2})$ の加速度で動いた．このとき A は B と反対向きに $3(\mathrm{m/s^2})$ で動いた．A の質量が $70(\mathrm{kg})$ だとすると B の質量はいくらか．摩擦はないとする．

2.3 いろいろな運動

運動方程式を使って運動を予測することができる．この節では運動方程式の応用を考えよう．

【運動を予測する方法】 実際の物体には人や電車のように形や大きさがある．ところが，物体の形や大きさまで含めて物体の運動を調べるのはとても難しい．例えば，スケートボードに乗った人の運動を想像してみよう．スケートボードが移動すると乗っている人も一緒に移動する．その人が手や足を動かしてバランスをとりながら乗っている運動は単純ではない．人の動きまで含めて運動を表現するのは大変難しい．

前節で登場したスケートボードに乗る人や電車の中で歩く人の運動は，実は暗黙のうちに人のからだの細かな運動を無視して，人やスケートボードの重心の運動を想定していたのである．重心に物体のすべての質量が集中したと考えて，物体を大きさのない点で置き換えたものを**質点**という．この後でいくつかの運動をとりあげるが，運動のイメージをつかむために具体的な物体を登場させる．しかし，そこで考えるのは物体を質点で置き換えた場合の運動であり，重心の運動である．

運動方程式を物体の運動に応用する手順はつぎのようになる．

---
1. 座標を定める．
2. 運動を引き起こす力を調べる．
3. 運動方程式をつくる．
4. 初期条件を調べる．
5. 運動方程式を解く．

つぎの例題でこの手順を確かめよう．

♦**例題 2.5** 質量 $m(\mathrm{kg})$ のボールを $4.9(\mathrm{m/s})$ の速さで真上に投げあげた．投げ

2.3 いろいろな運動

る瞬間の手の高さは地面から 1.5(m) だった．t 秒後の速度と高さを求めよ．ただし，空気による抵抗は考えないことにする．

解答 1. 座標を定める．座標軸はどのような向きに定めてもよい．ここでは，図 2.8 のように鉛直方向に y 軸を定めることにする．座標は x でもかまわないが y としておく．地面の位置を $y = 0$ とする．座標軸は地面に対して斜めに定めてもいいが，そうすると運動の方向とはことなるので運動方程式が複雑になって，数学的に解くのが難しくなる．

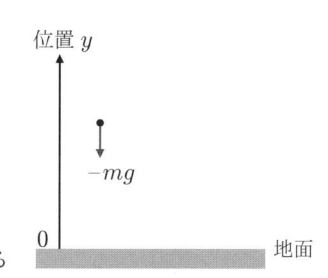

図 2.8 ボールを投げ上げる

2. 運動を引き起こす力を調べる．地上にある物体には重力がはたらく．この力の大きさは mg(N) と表す．g は物体が落下するときの加速度で約 9.8(m/s^2) という値を記号で表したものである．これについては 33 ページで詳しく説明する．力のはたらく向きは y 軸のマイナス方向なので，向きまで含めて表すと $-mg$ となる．空気の抵抗を考えないので重力だけ考えればよい．

3. 運動方程式をつくる．運動方程式は (2.6) 式，すなわち $ma = F$ である．この式の力 F(N) が $-mg$(N) になる．したがって，

$$ma = -mg$$

が運動方程式である．

4. 初期条件を調べる．**初期条件**とは $t = 0$ のときの運動状態のことで，そのときの位置や速度の値で表される．実際には目の前の運動を観察して調べるのだが，教科書や書籍の例題や練習問題ではふつう問題文から読みとる．ここでは，ボールを投げる瞬間を $t = 0$ とする．そのときの位置は $y = 1.5$(m)，速度は $v = 4.9$(m/s) である．

　　初期条件：　　$t = 0$ のとき，　$y = 1.5$(m)，　$v = 4.9$(m/s)

$t = 0$ のときの速度を**初速度**という．

5. 運動方程式を解く．運動方程式から加速度，速度，位置などを求める．必要に応じて，最も高く上がったときの位置や地面に到達する時間を求めたり，どんな軌跡を描いて運動するかなど，その運動について必要な情報を調べる．上で求めた運動方程式 $ma = -mg$ からすぐに加速度がわかる．

$$a = -g = -9.8(\text{m/s}^2)$$

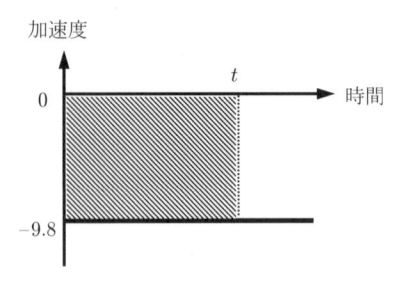

図 2.9 加速度 a と時間 t の関係

加速度がわかれば，第1章で考えたように t 秒間の速度の変化 Δv が求められる．この場合には，図 2.9 のような，底辺の長さが t(s)，高さが $-g$(m/s^2) の長方形の面積を求めればよい．

$$\Delta v = -gt = -9.8t \text{(m/s)}$$

初期条件から $t = 0$ のとき $v = 4.9$(m/s) である．したがって，t 秒後の速度はつぎのようになる．

$$v = 4.9 - 9.8t \text{(m/s)}$$

また t 秒間の変位 Δy(m) も，同じようにグラフから求められる．今度は図 2.10 のように，t が 0.5(s) よりも大きい場合と小さい場合があるが，どちらも計算結果は同じである．

$$\Delta y = 4.9t - 4.9t^2 \text{(m)}$$

初期条件より $t = 0$ のとき $y = 1.5$(m/s) であるから，高さ y(m) はつぎのようになる．

$$y = 1.5 + 4.9t - 4.9t^2 \text{(m)} \qquad \blacklozenge$$

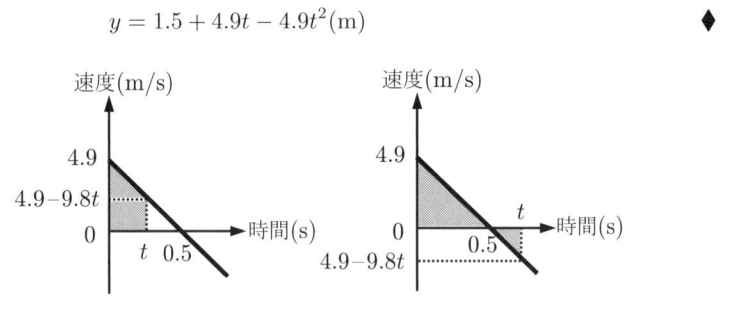

図 2.10 速度 v と時間 t の関係

問 2.10 模型のロケットを 1.2(m) の高さから鉛直上向きに発射した．発射するときの速さは $v = 19.6$(m/s) であった．発射してから 2 秒後の速さと高

さを求めよ．ただし，ロケットを発射したあとは，推進力がはたらかないとする．

ある運動方程式から求められる速度や位置などの結果は，初期条件によって決まってしまう．つまり，ニュートンの運動方程式は原因と結果の間の一定の関係を表す．原因と結果の間に規則的な関係があることを**因果律**という．ニュートン力学では因果律がなりたっている．

運動方程式の応用例をいくつか例題で考えてみよう．

【円運動】

♦**例題 2.6** 水平方向に向けて地表すれすれに一定速度で弾丸を打ち出した．弾丸が落下せずに地球の周りを回り続けるには，少なくともどれだけの速度で打ち出したらよいか．地球は球形であるとし，弾丸と地球の質量をそれぞれ $m(\mathrm{kg})$, $M(\mathrm{kg})$ とする．また弾丸の位置は，地球の中心からの距離 $r(\mathrm{m})$ で表すことにする．

解答 地球と弾丸の間にはたらく力は**万有引力**という引力である．この力はあらゆる物体の間にはたらき，つぎの式で表される．

$$F = -G\frac{mM}{r^2} \tag{2.20}$$

この力は引力なのでマイナスをつけた．また G は**万有引力定数**といい，$6.67259 \times 10^{-11}(\mathrm{Nm^2/kg^2})$ という値の数値である．

速度 $v(\mathrm{m/s})$ で水平に発射された弾丸は慣性によって水平方向に進もうとするが，万有引力で地球に引かれるために，図 2.11 のように地球の中心方向へ向かう．一定の加速度 $a(\mathrm{m/s^2})$ で地球の中心方向に向かうとすると，弾丸は t 秒間に $(1/2)at^2$ だけ落下することになる．また，t 秒間に水平方向へ $vt(\mathrm{m})$ 進むので，弾丸が地上に衝突しないで地表すれすれに回り続けるとすれば，図 2.11 のように地球の半径

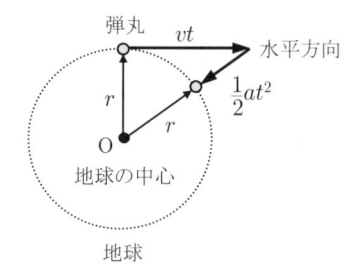

図 2.11 地表すれすれに発射した弾丸．1 秒間の変位

$r(\mathrm{m})$ と vt, $r+(1/2)at^2$ の直角三角形ができあがる．この直角三角形にピタゴラスの定理を応用するとつぎの式が得られる．

$$v^2t^2 + r^2 = \left(r + \frac{1}{2}at^2\right)^2$$

$$v^2 = ra + \frac{1}{4}a^2t^2$$

弾丸が地表すれすれに進む場合には，t は非常に小さい．図 2.11 では $(1/2)at^2$ の大きさを誇張して描いているが，実際には r や v にくらべて桁違いに小さいのである．そうすると，上の式はつぎのように近似することができる．

$$v^2 \fallingdotseq ra$$

すなわち，弾丸の落下加速度の大きさは，

$$a = \frac{v^2}{r} \tag{2.21}$$

となる．

物体の運動方程式は $ma = F$ であった．ここで，加速度 $a(\mathrm{m/s^2})$ の大きさは (2.21) 式，力 $F(\mathrm{N})$ は (2.20) 式になることがわかった．弾丸にはたらく力 F の方向と加速度 a が生じる方向は同じ方向であるから，これらの正負の符号を同じにすると弾丸の運動方程式はつぎのようになる．

$$ma = G\frac{mM}{r^2} \tag{2.22}$$

$$\therefore \frac{v^2}{r} = G\frac{M}{r^2} \tag{2.23}$$

この方程式から求めた速度 $v(\mathrm{m/s})$ が，弾丸が地表すれすれに回り続けるのに必要な最小限の速度である．この速度のことを**第 1 宇宙速度**という． ♦

問 2.11 地球の質量を $5.974 \times 10^{24}(\mathrm{kg})$，半径を $6378(\mathrm{km})$ として第 1 宇宙速度を求めよ．

【**重力加速度**】 例題 2.6 からわかるように，地球を回る弾丸は落下し続けている．落下しているのに地球に墜落しないのは水平方向に対して地球表面が曲がっているからである．では，弾丸が地球に落下する加速度はどれくらいの大きさだろう．$a(\mathrm{m/s^2})$ を $g(\mathrm{m/s^2})$ と書き換えて，運動方程式 (2.22) を弾丸の質量 $m(\mathrm{kg})$ で割ってみるとつぎのようになる．

$$g = G\frac{M}{r^2} = 6.673 \times 10^{-11} \times \frac{5.974 \times 10^{24}}{(6.378 \times 10^6)^2}$$
$$= 6.673 \times \frac{5.974}{6.378^2} \times \frac{10^{-11} \times 10^{24}}{(10^6)^2} \doteq 0.97998 \times \frac{10^{-11} \times 10^{24}}{10^{12}}$$
$$= 0.97998 \times 10^{-11+24-12} = 0.97998 \times 10^1 \doteq 9.8 (\mathrm{m/s^2})$$

この計算をもう一度見てもらいたい．加速度 $g(\mathrm{m/s^2})$ の計算には弾丸の質量 $m(\mathrm{kg})$ が使われていない．つまり，弾丸に限らずどんな物体でも同じ加速度 $g(\mathrm{m/s^2})$ で地球の中心に向かって落下する[*]．加速度 $g(\mathrm{m/s^2})$ を**重力加速度**という．

重力加速度： $\qquad g = 9.8(\mathrm{m/s^2}) \qquad\qquad (2.24)$

【**重力の大きさ**】 弾丸が地球に落下するのは万有引力のせいである．では，万有引力はどれくらいの大きさだろう．弾丸の質量を $0.05(\mathrm{kg})$ として計算するとつぎのようになる．

$$mg = 6.673 \times 10^{-11} \times \frac{0.05 \times 5.974 \times 10^{24}}{(6.378 \times 10^6)^2} \doteq 0.49(\mathrm{N}) \qquad (2.25)$$

つまり，弾丸は約 $0.49(\mathrm{N})$ の力で地球にひっぱられていることになる．

万有引力のために物体を地球に引きつける力のことを**重力**という．

重力の大きさ： 質量$(\mathrm{kg}) \times$ 重力加速度$(\mathrm{m/s^2}) = mg(\mathrm{N}) \qquad (2.26)$

【**手が感じる重さ**】 弾丸は手で持っているときでも $0.49(\mathrm{N})$ の力で地球に引きつけられている．つまり，$0.49(\mathrm{N})$ という力の大きさは質量 $0.05(\mathrm{kg})$ の弾丸を持ったときに手に感じる重さに相当する．N(ニュートン) という単位で表された力の大きさを実感として理解するには，

$$m = \frac{F}{g}(\mathrm{kg}) \qquad (2.27)$$

という質量の物体を手に持ったときに，手に感じる重さを想像してみるとよい．

---
[*] 地球は自転しているために地球上の物体には遠心力という慣性力が作用する．地球上でわれわれが観測する重力は，万有引力と遠心力をベクトルとして合成した力である．そのために，厳密に言えば，重力は地球の中心からわずかにずれた方向に作用する．したがって，物体は地球の中心からわずかにずれた方向に落下する．しかし，現実にはこのずれは非常に小さい．

問 2.12 体重 60(kg) の人が 2 人，1.0(m) 離れて立っている．この 2 人の間にはたらく万有引力の大きさを求めよ．またこの力の大きさは，質量何 g の物体を持ったときに手に感じる重さに相当するか．

【平面的な運動】

♦例題 2.7 地上 2000m の高さを一定の速度 20(m/s) で飛ぶ飛行機からスカイダイバーがパラシュートをつけて飛び出した．飛び出すときの速度が鉛直下向きに 1.8(m/s) であるとする．飛び出してから t 秒後の速度と位置を求めよ．ただし，空気による抵抗は考えないことにする．

解答 飛行機から飛び出した人は水平方向へ飛行機と同じように一定速度で移動する．しかし，鉛直方向へは重力のはたらきで加速しながら落ちていく．図 2.12 のように水平方向に x 座標，鉛直方向に y 座標をとって考えることにしよう．ただし，飛行機が進む方向を x の正方向とし，鉛直上向きを y の正方向とする．スカイダイバーが飛び出すときの水平位置を $x=0$ とし，地面の位置を $y=0$ とする．

空気の抵抗力を考えなければこの人にはたらく力は重力である．スカイダイバーの質量を m(kg) とすれば，重力の大きさは mg(N) である．ただし，重力は y 座標の負の方向にはたらくので，マイナスをつけて $-mg$ と表すことにする．x 方向には力がはたらかない．

スカイダイバーの運動を地上にいる人が見ると x 方向へ移動しているように見える．また，ヘリコプターに乗って空中で静止している人が横から見ると y 方向に移動しているように見える．つまり，見る方向によってスカイダイバーの運動方程式を 2 つつくることができる．x, y 方向それぞれの加速度を a_x, a_y と書くと，運動方程式はつぎのようになる．

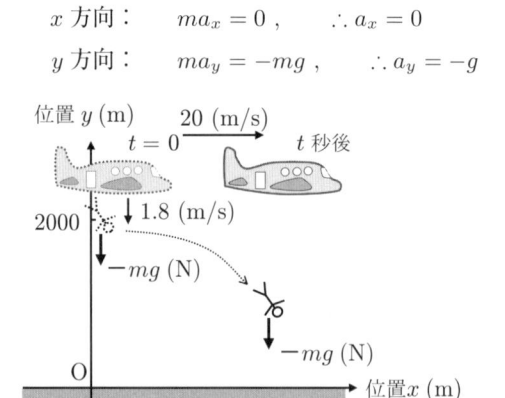

$$x \text{ 方向}: \quad ma_x = 0, \quad \therefore a_x = 0$$

$$y \text{ 方向}: \quad ma_y = -mg, \quad \therefore a_y = -g$$

図 2.12 スカイダイビング

問題に与えられた条件からスカイダイバーの運動の初期条件を，上で定めた座標で表すとつぎのようになる．

$t = 0$ のとき，$x = 0(\mathrm{m})$, $y = 2000(\mathrm{m})$, $v_x = 20(\mathrm{m/s})$, $v_y = -1.8(\mathrm{m/s})$

v_x, v_y はそれぞれ x 方向，y 方向の速度である．

　x 方向の運動方程式から水平方向の加速度は 0 である．したがって，水平方向には等速度運動する．初期条件からわかるように，水平方向へははじめに 20(m/s) で運動していたので，いつまでたってもこの速度で運動する．つまり，t 秒後の速度 v_x は，

$$v_x = 20(\mathrm{m/s})$$

である．また，t 秒後の水平方向の位置 x は，

$$x = 20t(\mathrm{m})$$

となる．

　y 方向の運動方程式は例題 2.5 の運動方程式と同じである．したがって，鉛直方向の速度の変化 Δv_y は，t 秒間に，

$$\Delta v_y = -gt = -9.8t(\mathrm{m/s})$$

である．初期条件から鉛直方向のはじめの速さは 1.8(m/s) である．したがって，スカイダイバーが飛び出してから t 秒後の鉛直方向の速度は，

$$v_y = -1.8 - 9.8t(\mathrm{m/s})$$

である．また，スカイダイバーの高さ $\Delta y(\mathrm{m})$ も，例題 2.5 と同じように計算するとつぎのようになる．

$$\Delta y = -1.8t - 4.9t^2(\mathrm{m})$$

ここで，初期条件を考えると，飛び出してから t 秒後の高さはつぎのようになる．

$$y = 2000 - 1.8t - 4.9t^2(\mathrm{m})$$ ♦

問 2.13 例題 2.7 と同じ条件で飛行機から飛び出したスカイダイバーが高さ 1000(m) でパラシュートを開くとする．ただし，飛び出すときの速さは 1.4(m/s) とする．飛び出してから何秒後に開いたらよいか．またそのとき，飛び出した位置から何 m 水平方向へ移動しているか．

演習問題 2

1. 速さ 4(m/s) で走る A さんの 20(m) 前方を B さんが同じ速さで走っていた．ゴールの手前 60(m) で A さんは加速度 2(m/s²) で速度を上げた．A さんは B さんよりも先にゴールできるか．また，先にゴールできるとするとゴールの手前何 m のところで追い抜くことになるか．

2. 飛行機が鉛直下向きに加速度 a_0(m/s²) で落下し始めた．静かに座っている質量 m(kg) の乗客を機内から見たときの運動方程式を求めよ．また，乗客の体が機内で浮き上がるのは a_0 がいくらのときか．

3. 物体に対して同じ大きさの 2 つの力が正反対の方向にはたらくと，その物体は静止して動かない．これを**力のつりあい**という．図 2.13 のように天井に固定したバネにおもりがぶら下がって静止している．バネが縮もうとして天井を引く力を F_1，おもりを持ち上げようとする力を F_2 とする．また，おもりの重力を F_3 とする．おもりが振動せずに静止しているときは $F_1 = F_2 = F_3$ である．力のつりあいの関係になっているのはどの力か．また，作用反作用の関係になっているのはどの力か．

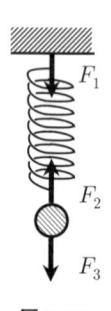

   図 2.13

4. 例題 2.5 の速度の変化 $\Delta v = -9.8t$(m/s) と高さの変化 $\Delta y = 4.9t - 4.9t^2$(m) を積分計算で求めよ．

5. 模型のロケットを，水平方向に対して 30° 傾けた方向に速さ 9.8(m/s) で地面から発射した．ロケットがもっとも高く上がったときの高さと落下地点までの距離を求めよ．

6. 水平方向に対して 30° 傾斜した斜面をスキーで滑る．初速度を 2(m/s) とし，スキーと雪面の運動摩擦係数を 0.4 として 10 秒間に滑る距離を求めよ．

   参考 スキーヤーの重力は，図 2.14 のように斜面方向の力 F(N) と斜面に垂直な方向の力 T(N) に分かれてはたらく．T はスキーを斜面に押しつける力である．スキーと雪面の運動摩擦係数を μ とすると，摩擦力は μT(N) で斜面に沿って上方向にはたらく．

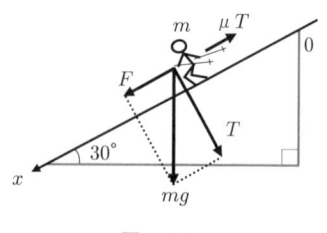

   図 2.14

第3章 電　気

　電気は目に見えないが，身の回りの機械や道具は電気のはたらきで動くものが多い．すぐに思いつくものだけでも，テレビ，洗濯機，掃除機，ゲーム機，照明器具などいくらでもある．では，電気とは何だろう．ここでは，電気現象の背景にある法則や電気にかかわる基本的な性質を考えよう．ただし，物質内部の電気現象は考えず，物質のない真空の空間で生じる現象だけを考えることにする．

3.1　電気と力

　【プラスとマイナスの電気】　下敷きをこすると髪の毛やティッシュペーパーが吸いつく．実は下敷きをこすらなくても，プラスチックフィルムや紙などに強く押しつけておくだけでもいい．パソコンやテレビを購入したときに，ダンボール箱に発泡スチロールの小片がたくさん入っていることがある．品物を取り出すときにこれらの発泡スチロール片がくっついて困ったことがあると思う．これらは電気が及ぼす力のせいである．

　物質は原子や分子からできている．原子の大きさは 10^{-10}(m) くらいである．

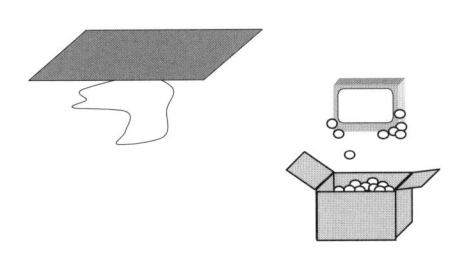

図 3.1　下敷きやテレビは軽いものをすいつける

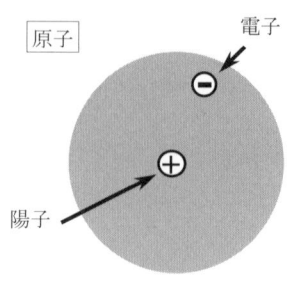

図 3.2 陽子と電子

分子はその数倍から数千，数万倍のものまでいろいろな大きさのものがある．10^{-10}(m) というのは髪の毛の太さの 100 000 分の 1 程度の長さであり，ほかの単位で表すと $10^{-4}(\mu\mathrm{m})$ または 0.1(nm) である．μm は**ミクロン**または**マイクロメートル**，nm は**ナノメートル**と読む．このように小さな原子が 10^{23} 個くらい集まっているのが，われわれが日常見る大きさの物質である．

原子の中心には 10^{-14}(m) くらいの大きさの**原子核**があり，いくつかの粒子から構成されている．そのなかに**陽子**という粒子がある．また，原子核の周辺には**電子**という粒子がある．電子と陽子は質量などいくつか特徴が異なるが，とくにある性質が正反対である．その性質を電気という．小さな女の子とお父さんがいたとすると，どちらもヒトだが体重や身長は違う．そのなかで正反対なのは男女という性別であるが，電子と陽子がもつ電気という性質はそのようなものである．この正反対の性質を区別するために，電子の電気をマイナス(負)，陽子の電気をプラス(正)とすることになっている．

多くの物質はプラスとマイナスの電気量が等しく，全体としては電気がないように見える．ところが，何かの原因で電子が物質から離れるとその物質はマイナスが不足するので，全体としてプラスの電気を帯びることになる．例えば，お父さんと手をつないで遊んでいた子供が友達を見つけて離れていったようなものである．電気を帯びた物体がもつ電気を**電荷**という．そのとき帯びている電気(電荷)の大きさを**電気量**といい C (**クーロン**)という単位で表す．ただし，電気量のことを電荷ということもあるので，これらの用語の区別にはあまりこだわらなくてもよいだろう．電子と陽子の電気量は同じである．

2 つの物体を密着させると物体の間でこのような電子の移動が生じることがある．これらの物体を離すと電子が一方から他方へ移っているので，一方がプラス，他方がマイナスの電気をもつことになる．下敷きが電気を帯びてティッ

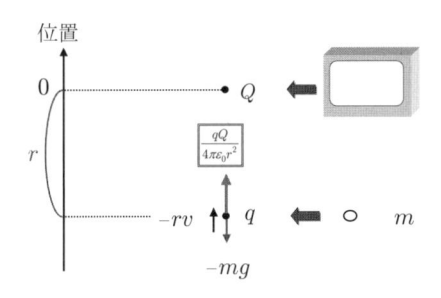

図 3.3 電気を帯びた物体にはたらく力

シュペーパーを吸いつけるのはそのためである．しばしば摩擦電気というが，こすることが本質ではない．こすることで2つの物体が密着して電子を移動しやすくするとともに，電子が移動するためのエネルギーを与えるのである．時間がたっても物体のどの部分の電気量も変化しないとき，物体が帯びた電気やそれにかかわる現象を**静電気**という．

【**クーロン力**】 下敷きがティッシュペーパーを吸いつけたり，ダンボール箱から出したテレビが発泡スチロールの小片を吸いつけたりする力はどんな大きさだろう．図3.3のように，テレビや発泡スチロールなどが帯びている電気量を $Q(\mathrm{C})$, $q(\mathrm{C})$ とすると，これらの電荷の間にはたらく力の大きさ $F(\mathrm{N})$ はつぎのように表される．

$$F = \frac{qQ}{4\pi\epsilon_0 r^2} \tag{3.1}$$

この式で $r(\mathrm{m})$ は電荷の間の距離を表す．ϵ_0 は**真空の誘電率**と呼ばれる定数を表す記号でつぎの値である．

$$\epsilon_0 = 8.854187817 \times 10^{-12} (\mathrm{C}^2/\mathrm{Nm}^2)$$

$q(\mathrm{C})$ と $Q(\mathrm{C})$ がプラスとマイナスのように反対の符号ならば，電荷の間には引き合う力がはたらくが，同じ符号ならば反発する向きに力がはたらく．電荷の間にこのような力がはたらくことを，1785年にクーロンが実験で確かめた．これを**クーロンの法則**という．電荷にはたらくこの力を**クーロン力**または**静電気力**という．(3.1)式は，クーロン力 $F(\mathrm{N})$ が電気量 $Q(\mathrm{C})$, $q(\mathrm{C})$ に比例するという関係である．したがって，電気量が大きいほど大きな力がはたらく．また，$F(\mathrm{N})$ は $r^2(\mathrm{m}^2)$ に反比例するという関係にもなっている．つまり，2つの電荷

が近づくほど大きな力がはたらくことになる．

クーロンの法則を力の向きも入れてベクトルで表現するとつぎのようになる．

$$\vec{F} = \frac{qQ}{4\pi\epsilon_0 r^2} \frac{\vec{r}}{r} \tag{3.2}$$

♦**例題 3.1** $-0.3(\mathrm{C})$ と $0.5(\mathrm{C})$ の電荷が $2(\mathrm{m})$ 離れている．電荷が及ぼし合うクーロン力を求めよ．

解答
$$\frac{1}{4\pi\epsilon_0} = 8.992 \times 10^9 \fallingdotseq 9.0 \times 10^9 (\mathrm{Nm^2/C^2})$$

であるから，(3.1) 式に上の値と $q = -0.3(\mathrm{C})$，$Q = 0.5(\mathrm{C})$ を代入すると，

$$F = 9 \times 10^9 \times \frac{-0.3 \times 0.5}{2^2} = -0.3375 \times 10^9 \fallingdotseq -3 \times 10^8 (\mathrm{N})$$

となる．計算結果にマイナス符号がついているが，これは電荷が及ぼし合う力が引き合う力であることを形式的に表している．もしも，計算結果がプラスならば反発する力である．クーロン力を計算するときに電気量の値を符号つきで (3.1) 式に代入すると，力がはたらく向きが自動的にわかる．

すなわち，2 つの電荷の間には約 $3 \times 10^8(\mathrm{N})$ の大きさの引き合う力がはたらく． ♦

例題 3.1 で求めた力の大きさは感覚的にはどのくらいのものだろうか．第 2 章 2.3 節でも考えたように，質量 $m(\mathrm{kg})$ の物体を持ったとき手にはたらく重力の大きさは $F = mg$ (N) である．この式をつぎのように書き換えて，上で求めたクーロン力の大きさ $3 \times 10^8(\mathrm{N})$ が何 kg のおもりを持った場合に相当するか求めよう．

$$m = \frac{F}{g} = \frac{3 \times 10^8}{9.8} \fallingdotseq 3 \times 10^7 (\mathrm{kg})$$

つまり，10 000 トンの重さに相当する．これは自家用車 10 000 台分くらいの重さである．0.1(C) 程度の電気量が随分大きな力を生み出すことがわかる．

問 3.1 $-8 \times 10^{-5}(\mathrm{C})$ と $2 \times 10^{-5}(\mathrm{C})$ の電荷が $2(\mathrm{m})$ 離れている．これらの電荷にはたらくクーロン力はどういう向きにはたらく何 N の力か．また，質量何 g のおもりの重力に相当するか．

電気を帯びた物体が 3 つ以上あるとき，物体にはたらくクーロン力は他の 2 つの物体から及ぼされるクーロン力の和になる．

問 3.2 電気を帯びた3つの粒子があり，隣り合う2つがそれぞれ3(cm)離れて一直線上に並んでいる．それぞれの粒子の電気量は，左から-2×10^{-8}(C)，1×10^{-8}(C)，4×10^{-8}(C)である．真ん中の粒子が他の2つの粒子から及ぼされるクーロン力の大きさと向きを求めよ．

【発泡スチロールの運動】 図3.3のように，テレビが発泡スチロールを引きつける場合にはクーロン力のほかに重力$-mg$(N)がはたらく．また，空気の抵抗力もはたらく．空気の抵抗力は抵抗係数をγ(kg/s)とすると$-\gamma v$(N)である．発泡スチロールの小片を第2章2.3節で考えた質点に置き換えてみるとつぎのような運動方程式がなりたつ．

$$ma = \frac{qQ}{4\pi\epsilon_0 r^2} - mg - \gamma v$$

この方程式を解くのは難しいが，重力や空気の抵抗力にくらべてクーロン力がけた違いに大きいときには，つぎのように少し簡単になる．

$$ma = \frac{qQ}{4\pi\epsilon_0 r^2} \tag{3.3}$$

この式を解いて，発泡スチロールの速さv(m/s)を求めるとつぎのようになる．

$$v = \sqrt{\frac{2}{m}\left(E - \frac{qQ}{4\pi\epsilon_0 r}\right)} \tag{3.4}$$

この式でEは定数である．(3.3)式の解き方については，章末の演習問題3の2を参考にしてもらいたい．なお，(3.3)式は発泡スチロールの運動方程式をかなり単純化したものなので，(3.4)式は実際の運動とはことなることを注意しておく．

問 3.3 qQがプラスとマイナスの場合について(3.4)式をグラフにし，vとrの関係を確かめよ．ただし，この式の定数には計算しやすいように適当な値をもちいよ．

3.2 電気力が伝わる空間

【遠隔作用と近接作用】 クーロン力を表す法則はニュートンが発見した万有引力の法則とよく似た式で表される．綱引きをする人の間にはたらく力は綱を

図 3.4 近接作用

介してはたらく．力を伝える物質や空間を**媒質**という．綱引きの力を伝える媒質は綱であるが，万有引力を伝える媒質はない．もう少し正確にいうと，万有引力を発見したニュートンは，物体の間に万有引力を伝える媒質があるかどうかを問題にしなかった．万有引力のような力を**遠隔作用**という．クーロンの法則も，万有引力と同様に遠隔作用である．しかし，ファラデーは静電気力を伝える媒質があると考えた．

布団の下に敷くマットレスがあるとしよう．その上にピンポン球を置いても動かずにじっとしているだろう．しかし，マットレスの上に鉄の球を置いてその近くにピンポン球を置いたらどうなるだろう．ピンポン球は鉄の球がつくったマットレスの凹みのために鉄の球に向かって転がるはずである．つまり，マットレスの凹みがあるためにピンポン球に引力がはたらくように見える．電荷の間にはたらく力についても同様に考える．このような力のはたらきを**近接作用**という．

【電気力線】　電荷が存在すると媒質が変形して力を伝える．静電気力を伝える媒質はわれわれの目には見えない．ファラデーは，静電気力を伝える媒質が，マットレスが変形するように歪むようすを**電気力線**というもので想像する方法を考えた．

電気力線はプラスの電荷から出る．またはマイナスの電荷に入る．**大きな電気量の電荷によって変形した媒質に小さい電気量のプラスの電荷を置くと，凹**

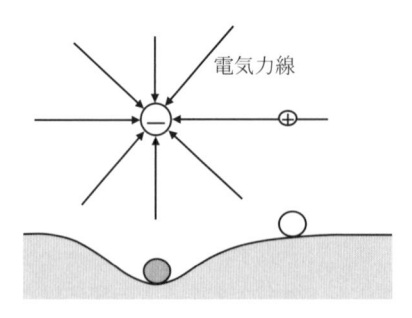

図 3.5　電気力線

3.2 電気力が伝わる空間

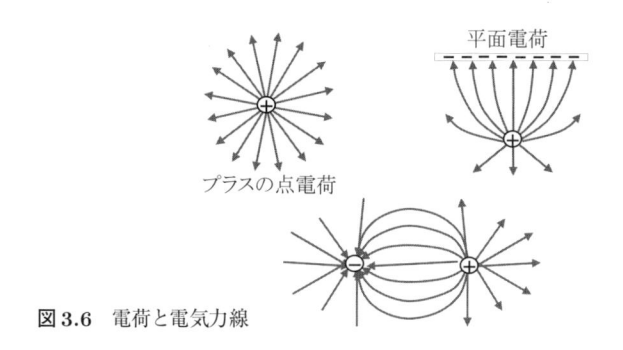

図 3.6 電荷と電気力線

んだマットレスに置いたピンポン球のようにある線を描いて動く．この線が電気力線である．つまり，電気力線は電荷にはたらく電気力の方向を表している．電気力線には，この小さいプラス電荷が動く向きに矢印をつけて表す．**小さい電気量の電荷**という表現には，媒質をほとんど変形させないという意味をこめている．

図 3.6 に電気力線の例を示した．この図で**点電荷**とは，電気を帯びた粒子または物体の大きさを考えないものである．**平面電荷**とは，静電気を帯びた下敷きのように平面状に電荷が分布したものである．ただし，厚さを考えない．

問 3.4 図 3.7 のような電荷があるときの電気力線を描け．

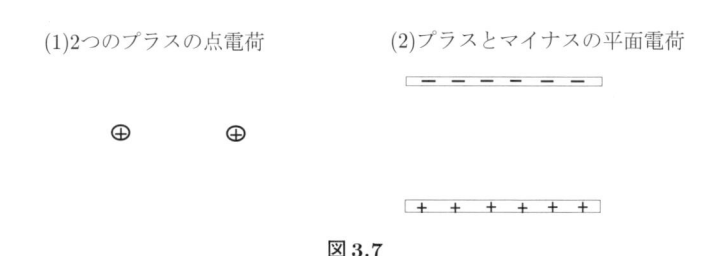

(1) 2つのプラスの点電荷   (2) プラスとマイナスの平面電荷

図 3.7

【**電　場**】　電気力線は目に見えない媒質の変形を想像するのに有効だが，媒質の変形量を表すものではない．媒質の変形を数量化するものが**電場**である．+1(C) の電荷が及ばされる力の大きさを電場の強さとし $E(\mathrm{N/C})$ で表す．図 3.5 のように，媒質の変形が大きいところは隣り合う電気力線の間隔が狭い．そこでは電場は大きい．そこで，図 3.8 のように電気力線に対して垂直な面を考えたとき，この面を貫く単位面積あたりの電気力線の数と電場の強さが等しい

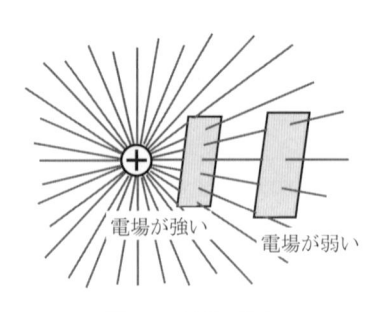

図 3.8 電場の強さ

とする．

近接作用の考え方では，$q(C)$ の電荷が電場から及ぼされる静電気力の大きさ $F(N)$ をつぎのように表現する．

$$F = qE \tag{3.5}$$

力の向きも考えてこの関係を表すとつぎのようになる．

$$\vec{F} = q\vec{E} \tag{3.6}$$

電場 $\vec{E}$ は力 $\vec{F}$ と同じ向きをもつ．

電荷が及ぼす力について，近接作用と遠隔作用という 2 通りの考え方があることがわかった．これは同じ自然現象を表現する方法が一つだけとは限らないという例である．しかし近接作用には遠隔作用にはない利点がある．例えば，電荷が振動するときに離れた電荷に影響を及ぼす．これは，第 5 章で考える電磁波に関係するが，近接作用から電磁波が存在することを説明することができる．

♦**例題 3.2** 図 3.9 のように，プラスとマイナスの電気を帯びた金属板を $L(m)$ 離して平行に置き，電池をつないでおく．$q(C)$ のプラスの電気を帯びた質量 $m(kg)$ の小さなプラスチック製の球が，はじめ金属板のちょうど中間の位置 ($x = L/2$) で静止していた．金属板の間にできる電場の強さは一定の値 $E(N/C)$ である．空気の抵抗を考えないことにして t 秒後の速さ $v(m/s)$ と位置 $x(m)$ を求めよ．

解答 プラスチック球の速さと位置は $t = 0$ のとき，$x = L/2(m)$，$v = 0(m/s)$ である (初期条件)．プラスチック球には，上向きに $qE(N)$，下向きに $mg(N)$ がはたら

3.2 電気力が伝わる空間

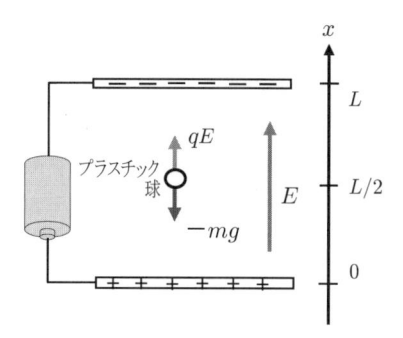

図 3.9 電気を帯びた金属板とプラスチック球

くから，合わせて $aE - mg$(N) の力がはたらくことになる．したがって運動方程式は，

$$ma = qE - mg$$

となる．これからすぐに加速度が求められる．

$$a = \frac{qE}{m} - g$$

この加速度と時間の関係をグラフにすると図 3.10(a) のグラフになる．グラフに斜線で示した面積が t 秒間の速さの変化 Δv(m) である．$t = 0$ のときの速さに Δv を加えたものが t 秒後の速さ v(m/s) である．初期条件より $t = 0$ で $v = 0$ であるから，t 秒後の速さは，

$$v = \Delta v = \left(\frac{qE}{m} - g\right)t$$

となる．

速さ v(m/s) の時間 t(s) に対する変化をグラフにすると図 3.10(b) のグラフになる．速さを求めたときと同じように，斜線部分が t 秒間の位置の変化すなわち変位 Δx(m) である．$t = 0$ のときの位置 $x = L/2$ と変位 Δx を加えて，t 秒後の位置

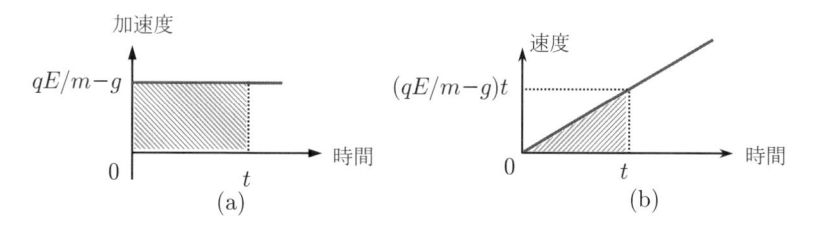

図 3.10 プラスチック球の加速度と速度

を求めるとつぎのようになる．

$$x = \frac{L}{2} + \Delta x = \frac{L}{2} + \frac{1}{2}\left(\frac{qE}{m} - g\right)t^2$$ ♦

多数のプラスチック球を使って例題 3.2 のような実験を行い，電子の電気量を求めることができる．その値は電気量の最小単位で**電気素量**と呼ばれる．電気素量は e という記号で表し，つぎの値である（演習問題 3 の 4 参照）．

$$e = 1.60217733 \times 10^{-19} (\text{C})$$

問 3.5 例題 3.2 で，金属板間の電場の強さを適当に変えて，プラスチック球が静止するようにした．
(1) 電場の強さ $E(\text{N/C})$ とプラスチック球の質量 $m(\text{kg})$ がわかっているとして，球の電気量 $q(\text{C})$ を求めよ．
(2) このとき電場の強さが $1.4 \times 10^5 (\text{N/C})$，プラスチック球の質量が $1.6 \times 10^{-14} (\text{kg})$ だった．球に付着した電子は何個か．電気素量の値を $1.6 \times 10^{-19} (\text{C})$ とする．

【電　流】 例題 3.2 のような装置で，電気を帯びた粒子が電場の作用で運動すると電気の流れが生じることになる．電気の流れのことを**電流**という．プラスの電荷が移動する方向を電流の正の方向と決める．マイナスの電荷が移動する方向を正の方向と決めてもいいが，上のように決めておくと，電流の正方向と電気力線の向きが同じになるので都合がよい．

1 秒間に移動する電気量を**電流の大きさ**とし，I で表す．単位は A で，アンペアと読む．Δt 秒間に $\Delta q(\text{C})$ の電荷がある断面を垂直に通過するとき，電流の大きさはつぎの式で求められる*．

$$I = \frac{\Delta q}{\Delta t} \tag{3.7}$$

問 3.6 5 秒間に $6 \times 10^{-6}(\text{C})$ の電荷がある断面を垂直に通過した．電流の大きさはいくらか．

---

*電流が定常でなく，時刻 t によって変化するときには，速度のときと同様に $I = \dfrac{dq}{dt} = \lim\limits_{\Delta t \to 0} \dfrac{\Delta q}{\Delta t}$ と表す．

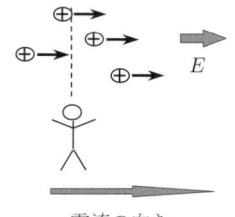

図 3.11 電　流　　電流の向き

　金属板の間を流れる電流の大きさを求めてみよう．金属板の間に，電気を帯びた粒子が全部で N 個あるとする．金属板の面積を $S(\mathrm{m}^2)$ とし間隔を $L(\mathrm{m})$ とすると，金属板の間の体積は $SL(\mathrm{m}^3)$ である．したがって，粒子は単位体積あたり (N/SL) 個あることになる．

　粒子には常に電気力がはたらいているので加速度運動をする．しかしここでは，すべての粒子が平均の速さ $v(\mathrm{m/s})$ で動くとしよう．このとき，図 3.12 に点線で示した直方体の中にある粒子は 1 秒間に $v(\mathrm{m})$ 移動することになる．この直方体の体積は $Sv(\mathrm{m}^3)$ であるから，この中にある粒子の数は $(N/SL) \times Sv$ 個になる．粒子の平均の電気量が $q(\mathrm{C})$ だとすると，電流の大きさはつぎのようになる．

$$I = \frac{N}{SL} \times Sv \times q = \frac{Nvq}{L}$$

金属板の間のどこかある位置で見たときに荷電粒子が等速運動しているならば，そこでの電流の大きさは時間がたっても変化しない．このような電流を**定常電流**という．また，いつでも同じ方向に流れている電流を**直流電流**という．

問 3.7　図 3.12 のような金属板の間に $+2.0 \times 10^{-18}(\mathrm{C})$ の電気を帯びた粒子が 10^{16} 個ある．これらの粒子が，一様な電場から力を及ぼされて平均 1.5×10^{-3}

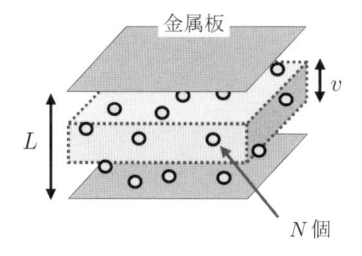

図 3.12　金属板の間を流れる電流

(m/s) の速さで運動する．金属板は 5(mm) の間隔で平行に置かれている．電流の大きさを求めよ．

3.3 電場を求める

【ガウスの法則】 クーロンの法則 (3.1) と電場と力の関係 (3.5) 式から，電場の強さに関する重要な法則が得られる．これらの式をもう一度並べて書いておこう．

$$F = \frac{qQ}{4\pi\epsilon_0 r^2} \tag{3.1}$$

$$F = qE \tag{3.5}$$

図 3.13 のように，$Q(\mathrm{C})$ の電荷がつくる電場の中に $q(\mathrm{C})$ の小さい電荷がある場合を考えよう．(3.1) 式と (3.5) 式の左辺 $F(\mathrm{N})$ は，どちらも電荷 q にはたらく同じ電気力を表している．したがって，これらの式の右辺どうしは等しい．

$$qE = \frac{qQ}{4\pi\epsilon_0 r^2}, \qquad \therefore E = \frac{Q}{4\pi\epsilon_0 r^2} \tag{3.8}$$

ここで，電荷 Q のつくる電場の強さを考えてみよう．電荷 Q を中心とする半径 $r(\mathrm{m})$ の球面上では，どの位置でも電場の強さは同じである．電荷 Q から出る電気力線の数が全部で $N(\mathrm{本})$ ならば，球の面積 $4\pi r^2 (\mathrm{m}^2)$ で N を割るとこの球面上での電場の強さになる．すなわち，

$$E = \frac{N}{4\pi r^2} \tag{3.9}$$

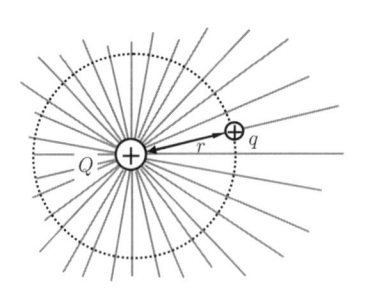

図 3.13 近接作用と遠隔作用

(3.8) 式と (3.9) 式は，同じ電場の強さを表しているので等しい．

$$\frac{N}{4\pi r^2} = \frac{Q}{4\pi \epsilon_0 r^2}$$

$$\therefore N = \frac{Q}{\epsilon_0} \tag{3.10}$$

(3.10) 式は球面でなくても一般的になりたつ関係である．電気力線に垂直な閉曲面を考え，この曲面上のどこでも電場の強さが等しくなるようにする．このとき，曲面の面積を $S(\mathrm{m}^2)$，曲面内部の電気量を $Q(\mathrm{C})$ とするとつぎの関係がなりたつ．

$$N = ES = \frac{Q}{\epsilon_0} \tag{3.11}$$

曲面内部には，電荷があってもなくてもよい．電荷がないときは $Q=0$ とする．N は曲面を垂直に貫く電気力線の数である．この式が表す法則を**ガウスの法則**という．

【**電場の求め方**】 この法則を具体的な問題に応用するために，(3.11) 式の関係をつぎのように書きなおすことにする．すなわち，電気力線に垂直な K 枚の面で閉じた面をつくり，この面内にある電気量の総量が $Q(\mathrm{C})$ であるとき，

$$E_1 S_1 + E_2 S_2 + E_3 S_3 + \cdots + E_K S_K = \frac{Q}{\epsilon_0} \tag{3.12}$$

とするのである．$S_1, S_2, \cdots, S_K$ はそのような面の面積である．$E_1, E_2, \cdots, E_K$ はそれらの面における電場の強さである．しかし，電荷の分布によってはそのような面が考えられない場合がある．その場合には電気力線に平行な面を考え，そこでの電場の強さを 0 とする[*]．

また，面 $S_1, S_2, \cdots, S_K$ で囲んだ中に電荷は無くてもよい．その場合には $Q=0$ ということになる．以下に具体例をいくつか挙げるので，参考にしてもらいたい．

なお，(3.12) 式は数学記号を使ってつぎのように書くこともできる．

$$\sum_{i=1}^{K} E_i S_i = \frac{Q}{\epsilon_0} \tag{3.13}$$

---

[*] 実は，電気力線に対してどんな方向の面を考えてもよい．そのときには，電場ベクトルのこの面に対する垂直な成分を $E_1, E_2, \cdots, E_K$ とする．さらに一般的に言えば，(3.12) 式は $\int_S E_n ds = \frac{Q}{\epsilon_0}$ となる．S は任意の閉曲面の全面積で，E_n は電場ベクトルの曲面 S に垂直な方向の成分である．

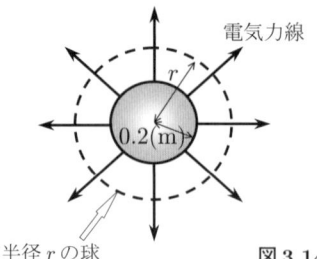

図3.14 球面電荷の電気力線

♦例題 3.3　厚さが無視できる半径 $0.2(\mathrm{m})$ の球殻に $+6 \times 10^{-10}(\mathrm{C})$ の電荷が一様に分布している．球の中心から $r(\mathrm{m})$ の位置における電場の強さを求めよ．

解答　ガウスの法則を応用するために，電場を求める位置に電気力線に垂直な面を考える．球面上に一様に分布する電荷がつくる電気力線は球面に垂直である．つまり，この場合には電気力線に垂直な面は 1 枚ということになり，(3.12) 式はつぎのようになる．

$$E_1 S_1 = \frac{Q}{\epsilon_0}$$

ここで，$S_1(\mathrm{m}^2)$ は半径 $0.2(\mathrm{m})$ の球の表面積であり，$E_1(\mathrm{N/C})$ は球の表面における電場の強さである．$S_1 = 4\pi r^2 (\mathrm{m}^2)$ を上の式に代入すると，

$$4\pi r^2 E_1 = \frac{Q}{\epsilon_0}$$

となる．

ところで，$Q(\mathrm{C})$ は球面 S_1 の内部にある電気量の総量であるが，S_1 が電荷が分布している球面の内側にあるときには $Q = 0(\mathrm{C})$ である．また，S_1 が外側にあるときには $Q = 6 \times 10^{-10}(\mathrm{C})$ である．したがって，

$$r < 0.2(m) \quad 4\pi r^2 E_1 = 0 \quad \therefore E_1 = 0$$
$$r > 0.2(m) \quad 4\pi r^2 E_1 = \frac{6 \times 10^{-10}}{\epsilon_0} \quad \therefore E_1 = \frac{6 \times 10^{-10}}{4\pi \epsilon_0 r^2} (\mathrm{N/C})$$

となる．　♦

問 3.8　例題 3.3 で，球の中心から $0.3(\mathrm{m})$ 離れた位置における電場の強さを求めよ．

♦例題 3.4　厚さが無視できる無限に広い平面に，単位面積あたり $\sigma(\mathrm{C})$ のプラスの電荷が一様に分布している．平面から $r(\mathrm{m})$ 離れた位置における電場の強さを求めよ．

図 3.15

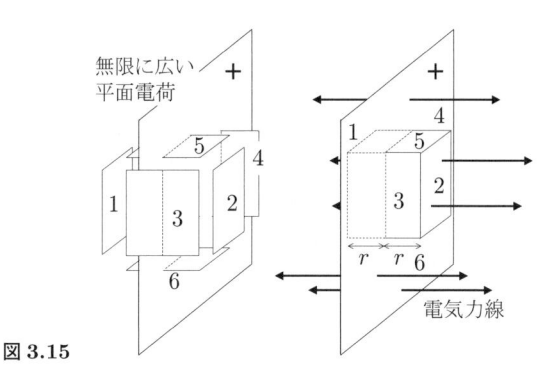

解答 電気力線は平面に垂直である．図 3.15 左に示した 6 つの平面を考え，右の図のように組み合わせて平面の一部を囲む．このような閉じた面についてガウスの法則を適用すると，

$$E_1 S_1 + E_2 S_2 + E_3 S_3 + E_4 S_4 + E_5 S_5 + E_6 S_6 = \frac{Q}{\epsilon_0}$$

となる．

平面 1,2 は電気力線に垂直である．1,2 を電荷から等しい距離に置くと，これらの面上における電場の強さ E_1, E_2 は等しくなる．平面 3,4,5,6 は電気力線に平行であるから，E_3, E_4, E_5, E_6 は 0 とする．また，6 つの面の内部にある電気量 Q(C) は，

$$Q = (単位面積あたりの電気量) \times (6 つの面に囲まれた電荷平面の面積)$$

となる．S_1 と S_2 は等しいので $S_1 = S_2 = S$ とすると，ガウスの法則はつぎのように書き換えられる．

$$ES + ES = \frac{\sigma S}{\epsilon_0}$$

$$\therefore E = \frac{\sigma}{2\epsilon_0}$$

♦

問 3.9 厚さが無視できるほど薄く，無限に広い平面が平行に置かれている．これらの面には単位体積あたり，それぞれ $\pm\sigma$(C) の電荷が一様に分布している．平面の間の電場の強さが，$E = \sigma/\epsilon_0$ になることを，つぎの 2 通りの方法で示せ．

(1) 図 3.16 のような直方体の閉じた面 A, B を考え，ガウスの法則を適用する．

(2) まず，それぞれの平面が単独で置かれている場合の電気力線を考える．つぎに，これらの平面を平行に並べて電気力線の重なりを考える．

図 3.16

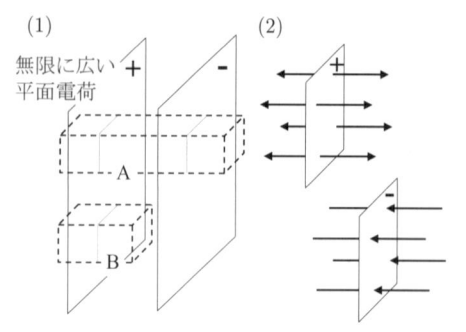

演習問題 3

1. -4×10^{-7}(C) の電気を帯びたおもり A を，バネ定数が 36(N/m) のバネで天井から吊るす．おもり A が静止しているときに，5×10^{-6}(C) の電気を帯びた物体 B をおもり A の真下に近づけたら，おもり A は物体 B の 10(cm) 真上で静止した．おもり A は何 cm 下がったか．ただし，バネ定数 k(N/m) のバネの復元力の強さ T(N) と伸び x(m) の間には $T = kx$ という関係がある．

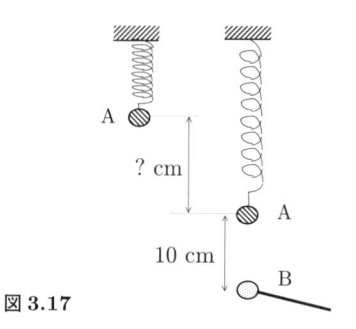

図 3.17

2. 3.1 節の図 3.3 で位置座標を x とすると，(3.3) 式は $ma = qQ/(4\pi\epsilon_0 x^2)$ となる．この式を解いて (3.4) 式を求めよ．ただし，$x = r_0$ で速度が v_0，$x = r$ で速度が v とする．また，加速度 a についてつぎの関係を利用せよ．

$$a = \frac{d^2x}{dt^2} = \frac{dx}{dt}\frac{d}{dx}\left(\frac{dx}{dt}\right) = v\frac{dv}{dx}$$

3. 図 3.18 のように，プラスとマイナスの電気を帯びた 2 枚の金属板が平行に置かれている．マイナスの電気量 $-e(\mathrm{C})$ をもつ質量 $m(\mathrm{kg})$ の粒子が金属板の間に速さ $v_0(\mathrm{m/s})$ で入射した．入射方向は電気力線に垂直である．粒子が電場の強さ E の金属板の間を通過するときに進む向きを変えて蛍光板に衝突し，その点を明るく光らせた．電気力線は金属板に垂直で金属板の外には存在しないとする．また，重力は電気力にくらべて非常に小さく無視できるとし，空気抵抗は考えないことにする．

(1) 金属板の間 $D_1(\mathrm{m})$ を通過するとき粒子は上方向に加速度運動する．粒子が金属板の間を通過する間にはじめの進行方向から電気力線の方向に $L_1(\mathrm{m})$ それる．L_1 を求めよ．

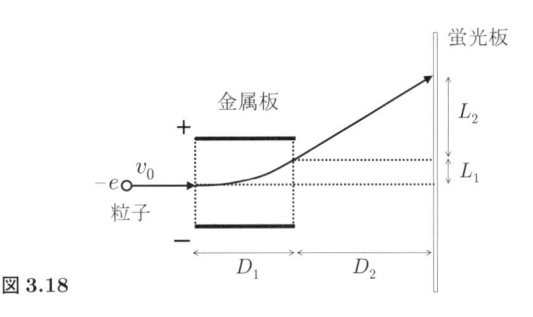

図 3.18

(2) 粒子が金属板を通過したあと，蛍光板まで $D_2(\mathrm{m})$ 進む間に図の上方向に $L_2(\mathrm{m})$ それる．L_2 を求めよ．このとき粒子は等速度運動する．

(3) 粒子の質量に対する電気量の比 $e/m(\mathrm{C/kg})$ を，$v_0(\mathrm{m/s})$，$E(\mathrm{N/C})$，$D_1(\mathrm{m})$，$D_2(\mathrm{m})$，$L_1(\mathrm{m})$，$L_2(\mathrm{m})$ で表せ．

（e/m の値を**比電荷**という．また，比電荷を求める実験を 1897 年にトムソンが行い，電子を発見するきっかけになった．）

4. 3.2 節の例題 3.2 の実験を空気があるところで行う．はじめ電場の強さ $E(\mathrm{N/C})$ を適当に変えて質量 $m(\mathrm{kg})$ のプラスチック球を静止させておく．つぎに，電場の強さを 0 にすると球は落下し始める．空気の抵抗があるので，落下の速さはやがて一定の値 $v_s(\mathrm{m/s})$ になる．空気の抵抗力は球の速さに比例する．比例係数を $k(\mathrm{kg/s})$ とすると空気の抵抗力の大きさは kv_s である．

(1) 球の電気量 $q(\mathrm{C})$ を E, v_s, k で表せ．

(2) 5 つのプラスチック球について，電気量 $q(\mathrm{C})$ を調べたらつぎのような値だった．電気素量 e の値を推定せよ．

球1	球2	球3	球4	球5
5.81×10^{-19}	7.44×10^{-19}	9.05×10^{-19}	12.19×10^{-19}	13.78×10^{-19}

(1909年以降ミリカンはこのような実験を行い，電気素量を見いだすとともに，比電荷の値と合わせて電子の質量を求めた．)

5. 半径 $0.2(\mathrm{m})$ の球の表面から内部まで一様に電荷が分布している．単位体積あたりの電気量は $+6 \times 10^{-10}(\mathrm{C/m^3})$ である．球の中心から $0.1(\mathrm{m})$ および $2.0(\mathrm{m})$ の位置における電場の強さを求めよ．

6. 図 3.19 のように，半径が $0.05(\mathrm{m})$ で無限に長い円柱にプラスの電気が一様に分布している．単位長さあたりの電気量は $9.42 \times 10^{-4}(\mathrm{C/m})$ である．円柱の中心線から $0.25(\mathrm{m})$ 離れた位置に置いた $+3.0 \times 10^{-8}(\mathrm{C})$ の電荷にはたらく力の大きさを求めよ．

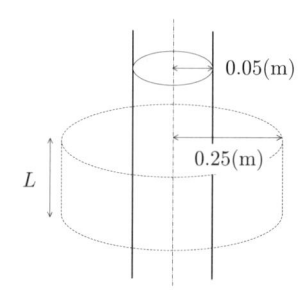

図 3.19

第4章 電場と磁場

電気と似たものに磁気がある．最近では山登りをする人は少ないかもしれないが，登山やハイキングでは方位磁石が必要になる．方位磁石は磁気を帯びていて，地球という巨大な磁石と引き合って常に同じ方向を指している．ガリバー旅行記に登場する浮遊する島ラピュタには巨大な磁石があり，地上の島バルニバービの磁石との反発力を利用して航行する．このようなことが現実に可能かどうかは別にして，磁気やその力はわれわれにとってなじみ深いものである．磁石が及ぼす力は電気現象とも関係する．子供の頃，電磁石で遊んだ経験があるだろう．

ここでは，磁気に関する法則と，電気と磁気の関係について考えよう．第3章と同様に物質内部の磁気現象は考えず，すべて真空の空間を前提とする．

4.1 磁気と力

【クーロンの法則】 方位磁石の北を指す方をN極，南を指す方をS極という．磁石では，電気量に対応して**磁気量**というものを考える．N極，S極を**磁極**といい，その磁気量をそれぞれプラス，マイナスで表すことにする．電気のときと同様に，磁気や磁気量のことを**磁荷**ということがある．

磁石には物体を引きつける力が強いものと弱いものがある．磁石の間にはた

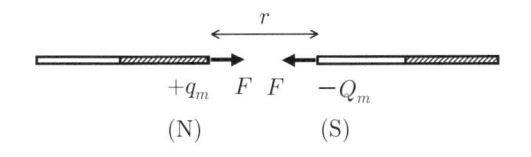

$$+q_m \quad F \quad F \quad -Q_m$$
$$(\text{N}) \qquad\qquad (\text{S})$$

図 4.1　磁石の間にはたらく力

らく力もクーロンによって発見された．この力の大きさ $F(\mathrm{N})$ はつぎのように表され，電気のときと同様に**クーロンの法則**と呼ばれる．

$$F = \frac{q_m Q_m}{4\pi\mu_0 r^2} \tag{4.1}$$

q_m, Q_m は磁気量で，単位は Wb（ウェーバー）である．$r(\mathrm{m})$ は磁極の間の距離で，μ_0 は**真空の透磁率**という定数である．真空の透磁率の値を下に示す．

$$\mu_0 = 4\pi \times 10^{-7} = 1.25663706\cdots \times 10^{-6} (\mathrm{Wb}^2/\mathrm{Nm}^2)$$

電気のときと同様に，力を及ぼし合う磁極が同じ符号ならば反発力がはたらくし，ことなる符号ならば引力がはたらく．2つの磁極だけを問題にするならば力の向きは右か左かということであるから，プラスかマイナスの符号で判定すればよい．しかし，力の向きをもっと一般的に考える必要があるときは，(4.1) 式をベクトルで表しつぎのように書く．

$$\vec{F} = \frac{q_m Q_m}{4\pi\mu_0 r^2} \frac{\vec{r}}{r} \tag{4.2}$$

問 4.1 $+1.57 \times 10^{-3}(\mathrm{Wb})$ の磁荷と $-1.57 \times 10^{-3}(\mathrm{Wb})$ の磁荷が $20(\mathrm{cm})$ 離れている．これらの磁極の間にはたらく力の大きさと向き調べよ．

【電気と磁気の違い】　電気と磁気の性質はよく似ている．しかし，電気がプラスとマイナスに分離できるのに対し磁気は分けられない．この点は電気と磁気の大きな違いなので，注意してもらいたい．

　電気を帯びた物質があるとしよう．この物質を半分に分ける．分けられた物質をさらに半分に分ける．こうして，どんどん分けていくとプラスとマイナスの電気の素に行き着く．それは，原子を構成する電子と陽子であった．一方，棒磁石を赤と青に塗り分けられた真ん中で半分に分けてみると，半分に分けられた棒磁石の両端にはプラス (N) とマイナス (S) の磁気が現れる．これをさらに半分に分けても，やはりプラス (N) とマイナス (S) が現れる．どんどん分けていって電子や陽子に行き着いてもプラス (N) とマイナス (S) が現れるのである[*]．

---

[*] 20 世紀の前半，ディラックはプラス・マイナスの磁荷が単独で存在するという理論を検討した．このような磁荷は磁気単極子(モノポール)といわれるが，いまだに存在の確証は得られていない．磁気単極子が存在すると，65 ページで述べる磁気に関するガウスの法則は修正されることになる．

【**磁場と磁力線**】 第3章3.2節でも考えたように，クーロン力は遠隔作用である．磁気の場合にも，遠隔作用に対して近接作用がある．磁石の磁極のように磁気を帯びたものがあるとその周りの空間が磁気的にひずみ，力を伝える．磁気力を伝える媒質は**磁場**と呼ばれ H で表す．単位は N/Wb であるが，この単位は A/m に等しい．

問 4.2 磁気量の単位 Wb は Nm/A という単位に等しいことを確かめよ．

電場のようすを電気力線で想像したのと同様に，**磁力線**で磁場のようすを考える．磁力線のようすは，磁石と砂鉄があれば簡単に見ることができるのは知っていると思う．図 4.2 は，磁石と砂鉄を使ってできた磁力線のようすである．磁力線が混みあっているところは磁場が大きいところである．磁場があるところに磁荷を置くと磁力線に沿って力を受ける．

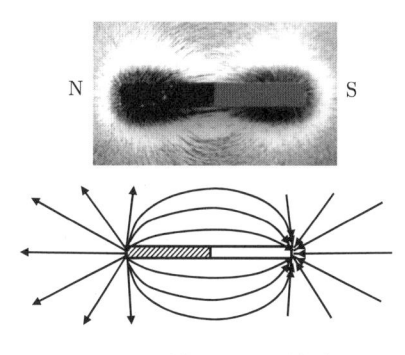

図 4.2 砂鉄に現れた磁力線

磁場 H(N/Wb) があるところに置いた，磁荷が q_m(Wb) の磁石にはたらく力の大きさ F(N) はつぎのようになる．

$$F = q_m H \tag{4.3}$$

力の向きも含めて表すと，

$$\vec{F} = q_m \vec{H} \tag{4.4}$$

となる．空間の各点における磁場ベクトル $\vec{H}$ の向きは，磁力線の方向と同じになる．

方位磁石を磁場があるところに置くと，図 4.3 のように力を及ぼされ回転する．プラス (N) 極にはたらく力 F とマイナス (S) 極にはたらく力 F' は反対向

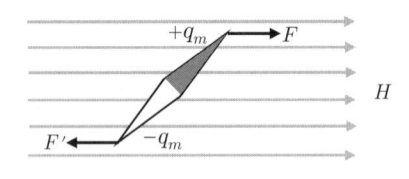

図 4.3 磁場に置かれた方位磁石

きで同じ大きさになる．机の上に置いた鉛筆の両端に，手で同様な力を加えると回転する．同じことが方位磁石にも起こるので回転するのである．

問 4.3 磁極の磁気量が 2×10^{-2} (Wb) の磁石が 15 (N/Wb) の磁場に置かれている．磁極が磁場から及ぼされる力の大きさを求めよ．

4.2 電流と磁場

【エルステッドの実験】 電気と磁気は，磁気が単独で存在しないという点でことなるが，その他については似ている点が多い．では，電気と磁気の間にはどんな関係があるのだろうか．この問題は，1820 年にエルステッドが行った実験をきっかけに明らかにされていく．

エルステッドの行った実験とは図 4.4 のようなものである．針金に電池をつなぎ電流を流したところ，針金の近くに置いた磁石が針金と垂直な方向を向いた．

磁石が向きを変えるのは，磁場から力を及ぼされるからである．つまりこのとき，電流が流れたことでその周囲の空間に磁場が生じたことになる．電流の向きにネジが進むように，ネジを回す方向がこの磁場に対応する磁力線の方向である*．

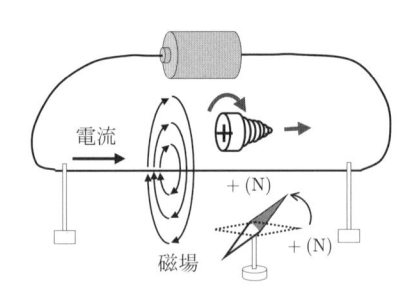

図 4.4 エルステッドの実験

---

* ふだん見かけるネジは右ネジといい，時計回りに回したときに前進する．

4.2 電流と磁場

【アンペールの法則】 電流がつくる磁場についてはアンペールの法則がなりたつ[*]. 具体的な問題に応用するために, この法則をつぎのように表しておく.

図 4.5 のように電流を取り囲む閉じた曲線を考える. この閉じた曲線は電流の周りにできる磁力線に沿ったものを考える. 磁力線に沿う閉じた曲線が K 本の曲線でできているとき, つぎの関係がなりたつ.

$$H_1 L_1 + H_2 L_2 + H_3 L_3 + \cdots + H_K L_K = I \tag{4.5}$$

$L_1, L_2, L_3, \cdots, L_K$ は閉じた曲線をつくる各曲線の長さで, $H_1, H_2, H_3, \cdots, H_K$ は各曲線の位置における磁場の強さである. 曲線 $L_1, L_2, L_3, \cdots, L_K$ はそこでの磁場の強さが一定になるように選ぶ. I は閉曲線に囲まれた電流の大きさである. ただし, 磁力線の向きにネジを回したときにネジが進む方向と電流の方向が同じ場合には, 電流の大きさにプラス, 反対の場合にはマイナスの符号をつけることにする.

電流の流れ方によっては, 磁力線に沿った曲線だけで閉じた曲線がつくれない場合もある. その場合には磁力線に垂直な曲線を考え, そこでの磁場の強さを 0 とする. (4.5) 式を縮めて書くとつぎのようになる.

$$\sum_{i=1}^{K} H_i L_i = I \tag{4.6}$$

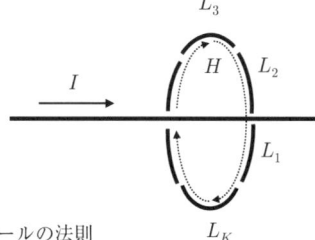

図 4.5 アンペールの法則

♦例題 4.1 銅線を 6 本束ねて真っ直ぐに張り, 各銅線に 1.57(A) の電流を同じ向きに流した. 銅線から 0.5(m) 離れた位置における磁場の強さを求めよ. ただし, 銅線の束の太さは無視する.

---

[*] アンペールの法則は, 一般的には $\oint_C H_t dr = I$ という式で表される. H_t は, 閉曲線 C に対する磁場 H の接線方向成分である. これを C に沿って一回り積分する. (4.5) 式が適用できない問題にはこの一般式を使うことになる.

解答 各銅線を流れる電流の大きさを i(A), 束ねられた銅線の数を n(本) とすると, 各銅線には同じ向きに電流が流れているから, 銅線の束を流れる電流 I(A) の総量は,

$$I = ni$$

である.この電流がつくる磁場の強さを H(N/Wb) としてアンペールの法則を応用する.磁力線は図4.6のように銅線の束を中心とする円を描く.銅線の束を中心とする半径 r(m) の円を閉曲線 L に選ぶと,アンペールの法則からつぎの関係がなりたつ.

$$HL = I \quad \therefore H = \frac{I}{L}(\text{N/Wb})$$

ところで, $I = ni = 6 \times 1.57$(A), $L = 2\pi r = 2 \times 3.14 \times 0.5$(m^2) であるから,磁場の強さはつぎのようになる.

$$H = \frac{6 \times 1.57}{2 \times 3.14 \times 0.5} = 3.0(\text{N/Wb}) \qquad ♦$$

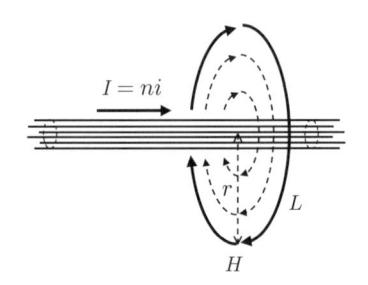

図 4.6

銅線のような金属では電流が流れやすい.金属の内部には原子に束縛されない**自由電子**と呼ばれる電子がある.この電子は小さな電場の作用でも容易に移動する.自由電子はマイナスの電気をもつから,電流が流れる方向は自由電子が動く方向と反対になる.

問 4.4 磁極の磁気量が 4×10^{-2}(Wb) の磁石が, 7.85(A) の電流が流れる直線状銅線の近くに置かれている.銅線から磁極までは 5(cm) あった.磁極が磁場から及ぼされる力の大きさを求めよ.

♦**例題 4.2** 図4.7のように銅線を同心円状に巻いたものがある.これをソレノイドという.断面の直径にくらべて十分に長いソレノイドは,中心軸に沿ってどこでも同じ強さの磁場が内部に生じており,外部には磁場がない.このようなソレノイドの銅線に電流 I(A) を流したとき,ソレノイド内部に

4.2 電流と磁場

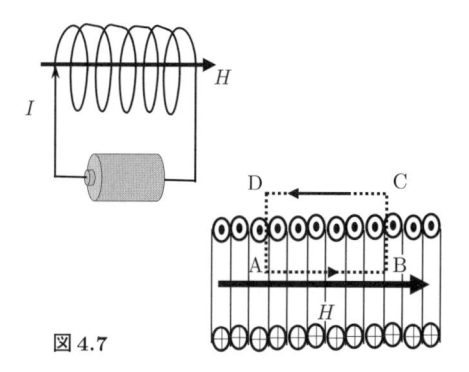

図 4.7

生じる磁場の強さを求めよ．ただし，銅線の巻き数は $1(\mathrm{m})$ あたり n 巻きとする．

解答 図 4.7 のような閉じた曲線 ABCD を考える．ABCD は長方形で AB はソレノイド内部の磁力線に平行である．ABCD についてアンペールの法則を応用するとつぎのようになる．

$$H_{AB}L_{AB} + H_{BC}L_{BC} + H_{CD}L_{CD} + H_{DA}L_{DA} = I$$

ただし，L_{AB} は直線 AB の長さで，H_{AB} はそこでの磁場の強さを表す．他の記号も同様である．ところで，CD のところでは磁場が 0 である．また，BC, DA のソレノイド内の部分は磁力線に垂直であり，外の部分には磁力線がない．つまり，BC, CD, DA ではこれらの線分方向の磁場が 0 である．AB の方向の磁場の強さを $H(\mathrm{N/Wb})$ とする．また，ABCD に囲まれた銅線を流れる電流は，みな紙面の奥から手前に向かって同じ方向に流れている．銅線 1 本あたりを流れる電流の大きさを $i(\mathrm{A})$ とすると ABCD 内を流れる電流は $I = nLi$ となるから，上の式はつぎのように書き換えられる．

$$HL = nLi \quad \therefore H = ni \qquad ♦$$

ソレノイドに鉄心を入れて電流を流すと，子供の頃に遊んだことのある電磁石になる．

問 4.5 電磁石に生じる磁場の強さが例題 4.2 のようなものであるとする．できるだけ強い磁力を生じる電磁石をつくるにはどうしたらよいか．

【コンデンサーと電流】 銅線に電流が流れるとその周囲に磁場が生じることがわかった．では，図 4.8 のように銅線の途中が途切れているところでは磁場

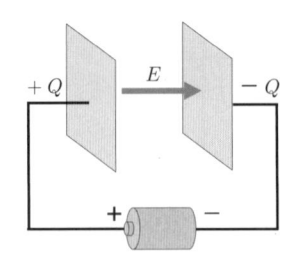

図4.8 平行板コンデンサー

は生じるだろうか．図では，銅線が途切れたところにコンデンサーが接続されている．**コンデンサー**というのは電気を蓄える装置のことである．とくに2枚の金属板を接近して平行に並べたものを**平行板コンデンサー**という．

図4.8のように平行板コンデンサーに乾電池を接続すると，電池のプラス側に接続されている金属板から電子が電池の方向へ移動し，金属板はプラスの電気を帯びた状態になる．このとき，もう一方の金属板はマイナスの電気を帯びた状態になり，金属板の間には電場 E が生じる．

電池をつないだ瞬間に電池と金属板をつないだ銅線に電流が生じるが，乾電池の能力と，金属板の大きさや形に応じた，一定量の電気 Q が金属板に蓄えられたところで電流は流れなくなる．蓄えられる電気量は金属板の間にある物質の種類によっても変わるが，ここでは金属板の間には何も物質がないとする．

乾電池は直流電流を流す電源で**直流電源**である．直流電源をつないだとき瞬間的に電流が流れるが，すぐに電流は流れなくなる．したがって，このとき銅線の周りにもコンデンサーの周りにも磁場は生じない．

では，家庭の居間や台所にある電源のように，一定時間ごとに電流の方向が反対になる電源をコンデンサーにつないだらどうなるだろう．このような電源を**交流電源**といい，交流電源が流す電流を**交流電流**という．

コンデンサーと交流電源をつなぐ銅線に流れる交流電流 I の値をグラフにすると，図4.9のようになる．金属板 A に向かって流れるときを正とし，金属板 B に向かうときには電流の大きさを負の値としてある．交流電流の変化にともなって金属板に蓄えられる電気量も時間の経過とともに変化する．図には金属板 A に蓄えられる電気量を実線で示し，B に蓄えられる電気量は点線で示してある．

金属板に蓄えられる電気量の大きさが最大になるとき電流は流れなくなるが，

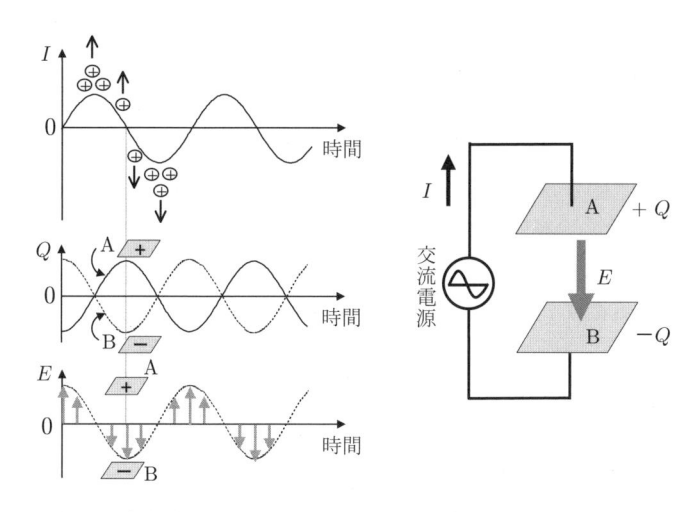

図 4.9　交流電源をつないだときの電流 I, 電気量 Q, 電場 E の変化

つぎの瞬間反対方向に流れ始める．そして電流の大きさはだんだん大きくなり，金属板に蓄えられる電気量の符号が変わる．2 枚の金属板の電気量の符号が変わるたびに金属板の間の電場の強さと方向が変化する．直流電源の場合とはことなり，交流電源をつないだときは銅線にいつまでも電流が流れることになる．ただし，この場合にも金属板の間には電流が流れない．

【変位電流】　コンデンサーの金属板の間に電流が流れなくても銅線には交流電流が流れるので，その周りには磁場が生じる．磁場の方向と強さは電流の変化とともに変化する．では，コンデンサーの周りに磁場は生じるのだろうか．この問題について，マクスウェルは磁場が生じると予想し，ヘルツが実験で証明した．コンデンサーの周りに磁場が生じる仕組みを考えてみよう．

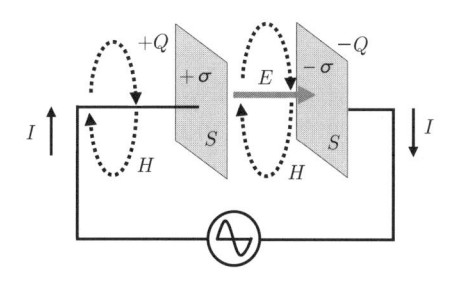

図 4.10　銅線の途中にコンデンサーがある

第3章の問3.9から，平行に置いた金属板の間の電場の強さ $E(\mathrm{N/C})$ と，金属板の単位面積あたりの電気量 $\sigma(\mathrm{C/m^2})$ の関係はつぎのようになることがわかる．

$$E = \frac{\sigma}{\epsilon_0} \quad \therefore \sigma = \epsilon_0 E \tag{4.7}$$

交流電流が流れているので $\sigma(\mathrm{C/m^2})$ は時間の経過とともに変化する．もちろん，金属板に蓄えられる電気量 $Q(\mathrm{C})$ も時間によって変化する．

銅線に生じる電流 $I(\mathrm{A})$ は，面積 $S(\mathrm{m^2})$ の金属板に蓄えられる電気量 $Q(\mathrm{C})$ の1秒あたりの変化 $\Delta Q/\Delta t$ に等しい*．したがって，(4.7)式を使うと電流 $I(\mathrm{A})$ はつぎのようになる．

$$I = \frac{\Delta Q}{\Delta t} = \frac{\Delta(\sigma S)}{\Delta t} = \frac{\Delta \sigma}{\Delta t} S = \frac{\Delta(\epsilon_0 E)}{\Delta t} S = \epsilon_0 \frac{\Delta E}{\Delta t} S \tag{4.8}$$

つまり，$\epsilon_0(\Delta E/\Delta t)S$ の値は電流の大きさ $I(\mathrm{A})$ と同じである．$\epsilon_0(\Delta E/\Delta t)S$ のことを**変位電流**という．金属板の間に生じる変位電流は銅線を流れる電流と同等であるから，その周りに磁場をつくる可能性がある．そこで，アンペールの法則に変位電流をつけくわえることにする．

$$\sum_{i=1}^{K} H_i L_i = I + \epsilon_0 \frac{\Delta E}{\Delta t} S \tag{4.9}$$

これを**アンペール-マクスウェルの法則**という**．

変位電流が存在することは，1888年にヘルツが行った電磁波の検出実験で検証されることになる．これについてはつぎの第5章でふれる．

【**磁場に関するガウスの法則**】　第3章3.3節で，電場を考えたときに登場したガウスの法則は，ある面を垂直に貫く電気力線の数が電荷の大きさで決まるという関係であった．電気の場合には，プラスやマイナスの電気が単独で存在できる．

図4.11の左の図のように，プラスの電気が存在するとそこから電気力線が湧き出てくるように見える．この湧き出しの源を囲むような曲面(点線)を考えると，源の湧き出し能力に応じた数の電気力線がこの面を貫いて出ていくことに

---

* 厳密には dQ/dt とすべきだが，Δt が十分に小さいとして，このように表しておく．

** この法則も一般的にはつぎのように表される．$\oint_C H_t dr = I + \epsilon_0 \frac{d}{dt}\int_S E_n dS$．$H_t$ は，閉曲線 C に対する磁場 H の接線方向成分である．また，S は任意の閉曲面の全面積で，E_n は電場ベクトルの曲面 S に垂直な方向の成分である．

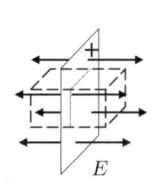

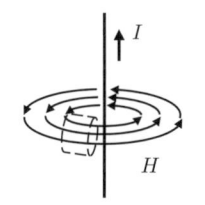

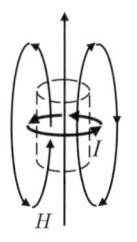

図 4.11 電気力線と磁力線

なる．

ところが，直線電流がつくる磁力線は真ん中の図のように一回りしてもとにもどるので，磁力線が湧き出す源というものはない．したがって，どんな曲面を考えても，曲面の一部を貫いて入ってきた磁力線と同じ数の磁力線が他の部分から出て行くことになる．右の図のように円形電流がつくる磁力線を考えても同様である．

このことから，電気に関するガウスの法則と似ているが，少し違う法則が磁気についてなりたつ．すなわち，閉じた曲面を貫く磁力線の数の総数は 0 になるという法則である．これを，磁気に関する**ガウスの法則**という．電気に関するガウスの法則と同様な式で書くとつぎのようになる*．

$$\sum_{i=1}^{K} H_i S_i = 0 \qquad (4.10)$$

4.3 ファラデーと電磁誘導

【ファラデーの実験】 電流が流れるとその周りに磁場が生じる．それでは，反対に磁場の周りに電流が生じるだろうか．ファラデーはこれを確かめるために，図 4.12 のような装置を使って実験を行った．

この装置は，ドーナツ状の軟鉄環の 2 個所に銅線を巻いたものである．一方の銅線には電池をつなぎ，スイッチでオン・オフできるようにしておく．もう一方の銅線には検流計をつないでおく．検流計というのは，電流が流れたかど

---

*物質がある場合には物質の境目で磁力線の数が変わる．この場合には磁力線の湧き出し源があることになり，物質の境目を含む閉じた曲面を貫く磁力線の総数が 0 にはならない．しかし，このような場合にも磁束密度という物理量を表す磁束線の数は物質の境目でも変わらない．したがって，磁気に関するガウスの法則は一般的には磁束密度で表す．

図 4.12 ファラデーの実験

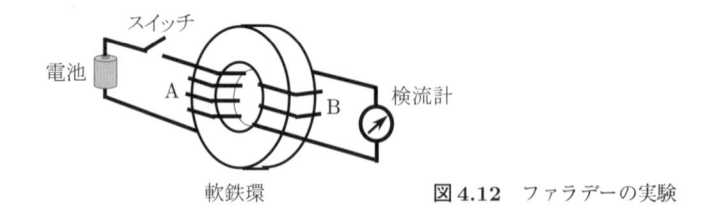

うかを針のふれで調べる道具である．

　スイッチを入れると電池につないだ銅線に電流が流れ，銅線を巻いたコイルAの中にある軟鉄環に磁場が生じる．コイルAの向かい側には銅線のコイルBがあるので，このコイルの内部にも磁場が生じることになる．ファラデーは，コイルBに電流が流れてスイッチを切るまで，検流計の針がふれると考えた．

　スイッチを入れた瞬間，ファラデーが予想した通り検流計の針は動いた．しかし，すぐにもとの位置にもどってしまった．スイッチは入ったままなのである．瞬間でもコイルBに電流が流れたのはファラデーの予想通りだったが，すぐに流れなくなったのは予想はずれだった．スイッチを切ってみると同じように切った瞬間電流が流れ，すぐに検流計の針はもとにもどった．

　この実験からつぎのようなことがわかった．図4.13のように，銅線でつくったコイルを磁石の近くで動かしてみる．Aの位置にあるコイルをBの位置に動かすとコイルに電流が流れる．このとき，コイルを貫く磁力線の数が増える．また，AからCに動かしても電流が流れる．しかし，電流の向きはBに動かしたときとは反対方向である．Cの位置ではAにくらべて磁力線の数が減っている．いずれにしても，コイルを貫く磁力線の数が変化すると電流が流れるのである．そして，磁力線の数が増えるときと減るときとでは電流の方向は反対に

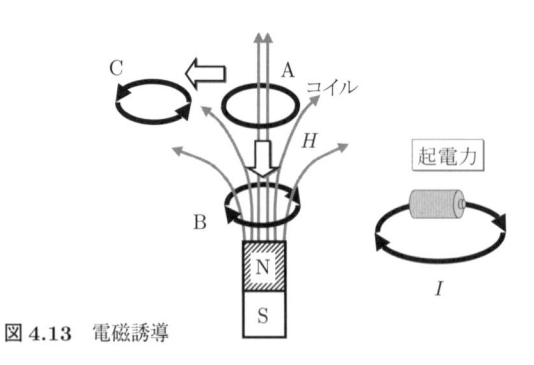

図 4.13 電磁誘導

なる．

ファラデーのはじめの実験で，スイッチを入れた瞬間だけ向かい側のコイルに電流が流れたのは，コイルを貫く磁力線の数がその瞬間だけ増えたからである．

磁場の中で，コイルを動かしただけで電流が流れるのは，あたかもコイルの途中に電池が現れたかのようである．電池のように電流を流す能力を**起電力**という．閉じた銅線の中を貫く磁力線の数が変化するとき，起電力が生じて電流が流れる現象を**電磁誘導**という．電磁誘導を生じるときの起電力を**誘導起電力**，そのときに銅線を流れる電流のことを**誘導電流**という．

【ローレンツ力】 電気をもつ粒子が磁場 $H(\text{N/Wb})$ の中を動くと磁場から力を受ける．この力を**ローレンツ力**という．$q(\text{C})$ の電気をもつ粒子が $v(\text{m/s})$ の速さで磁力線と垂直な方向に運動するとき，この力 $F(\text{N})$ の大きさはつぎのように表される．

$$F = qv\mu_0 H \tag{4.11}$$

ローレンツ力がはたらく方向は，粒子が動いていく方向から磁力線の方向へネジを回したときネジが進む方向である．

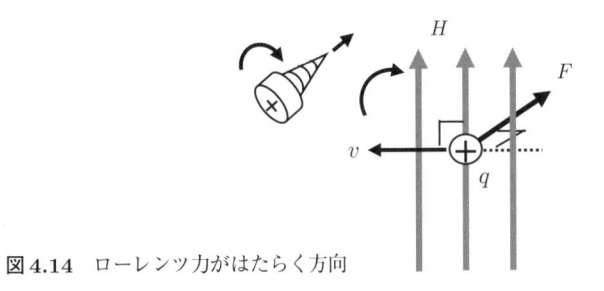

図 4.14 ローレンツ力がはたらく方向

問 4.6 強さが $25(\text{N/Wb})$ で北を向く磁場に西から水平に粒子が飛び込んだ．粒子の電気量は $+8.0(\text{C})$ で速さは $5.0(\text{m/s})$ であった．粒子が磁場から及ばされる力の大きさと方向を求めよ．

【ローレンツ力と起電力】 磁場がある空間に金属などの物質があると，物質の表面を境にして，内と外で磁力線の数が変わる．しかしここでは，仮に「真空の容器」を考える．この容器の断面積は長さにくらべて非常に小さいとする．容器の中に $q(\text{C})$ のプラスとマイナスの電気をもつ粒子が同じ数だけ閉じ込められているとしよう．「真空の容器」であるから，容器の内外で磁力線の数は変

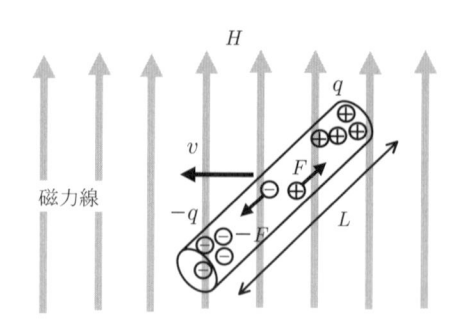

図 4.15 仮想的な真空容器に荷電粒子が閉じ込められている

わらず，内も外も磁場の強さは同じである．

図 4.15 のように，粒子が入った容器を速さ v(m/s) で磁力線と垂直な方向に動かす．粒子は容器と同じ速さで動くから，運動方向と磁力線の両方に垂直な方向にローレンツ力 F(N) を及ぼされる．プラスの電気をもつ粒子とマイナスの電気をもつ粒子では，磁場から及ぼされる力の方向が反対である．したがって，プラスとマイナスの粒子が容器の両端に分離する．これは電池と同じような状態である．このとき容器の中には電場が生じることになる．その大きさ E(N/C) はつぎのようになる．

$$E = \frac{F}{q} = v\mu_0 H \tag{4.12}$$

容器の長さを L(m) とするとき，つぎの物理量 V(V) を起電力の大きさとする．単位 V はボルトといい，乾電池の起電力の単位として日常的に用いられている．

$$V = EL = v\mu_0 HL \tag{4.13}$$

【電磁誘導の法則】 今度は，図 4.16 のように環状につながった長方形の「真空容器」を考えよう．この容器が，位置によって強さがことなる磁場の中を動くとする．

長方形の AB の部分にある荷電粒子と CD の部分にある荷電粒子は，同じ方向のローレンツ力を及ぼされる．しかし，AB, CD それぞれの位置での磁場の強さ H_1, H_2 がことなるとローレンツ力の大きさ F_1, F_2 はことなる．例えば，辺 AB の位置の磁場の強さ H_1 が辺 CD の位置の磁場の強さ H_2 よりも大きいならば，F_1 が F_2 より大きい．このときには，ABCD の方向に運動する粒子の 1 秒あたりの数が反対回りに運動する粒子の数よりも多くなる．つまり，ABCD の

4.3 ファラデーと電磁誘導

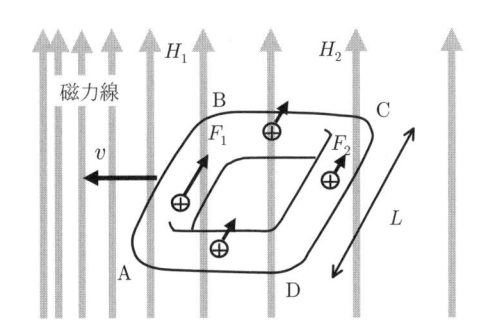

図 4.16 仮想的な真空容器が不均一な磁場内を動く

方向に電流が流れることになる．BC と DA にある粒子は電流の方向に垂直な力を及ぼされるので電流には寄与しない．

AB と CD で発生する起電力を V_1, V_2 とすると，

$$V_1 = v\mu_0 H_1 L, \quad V_2 = v\mu_0 H_2 L$$

となる．これらの起電力の差 $V_1 - V_2$ が，この長方形容器に電流を流す誘導起電力になる．

$$V_1 - V_2 = v\mu_0(H_1 - H_2)L \tag{4.14}$$

当然のことだが，一様な磁場の中では $H_1 = H_2$ になるので誘導起電力は生じない．

ここで生じる誘導電流は，図 4.16 の下向きに磁場をつくる．この磁場は，もとからあった磁場の方向とは反対向きである．つまり，$H_1 > H_2$ の場合には長方形容器の移動とともに長方形を貫く磁力線の数は増えるが，誘導起電力によって流れる誘導電流は磁力線の数を減らすような方向に流れることになる．$H_1 < H_2$ の場合にも同じように考えると，誘導電流は磁力線の数を増やすような方向に流れることがわかる．つまり，誘導電流は磁場の変化を妨げる向きに生じる．誘導電流の向きについての関係を**レンツの法則**という．

ここでは仮想的な「真空容器」を考えたが，銅線でできたコイルを磁場の中で動かしてもコイルに誘導起電力が生じ，誘導電流が流れる[*]．

---

[*] 真空ではなく物質が存在する空間では，磁場 $H(\mathrm{N/Wb})$ の代わりに磁束密度 $B(\mathrm{Wb/m^2})$ を考える．磁場のようすは磁力線で想像したが，磁束密度は磁束線で考える．銅線でできたコイルを磁場の中で動かした場合には，コイルを貫く磁束線の数に応じた誘導起電力が生じることになる．

一般的に，真空中に考えた面積 $S(\mathrm{m}^2)$ で周囲の長さが $L(\mathrm{m})$ の面を垂直に貫く磁力線の数が変化するとき，この面の周辺部 L には誘導起電力が生じる．このとき生じる誘導起電力 $EL(\mathrm{V})$ はつぎのように表される．

$$EL = -\mu_0 \frac{\Delta H}{\Delta t} S \tag{4.15}$$

これを**電磁誘導の法則**という．$S(\Delta H/\Delta t)$ は 1 秒あたりの磁力線の数の変化で，マイナスの符号は，磁場の変化を打ち消す方向に誘導起電力が生じることを表す．ただし，周辺部分 L 上の位置によって電場の強さがことなるときには，電場の強さが $E_i(\mathrm{N/C})$ の部分の長さを $L_i(\mathrm{m})$ としてつぎのように表すことにする*．

$$\sum_{i=1}^{K} E_i L_i = -\mu_0 \frac{\Delta H}{\Delta t} S \tag{4.16}$$

演習問題 4

1. 磁極の磁気量が $2.0 \times 10^{-4}(\mathrm{Wb})$ の棒磁石を，N 極と S 極が向かい合うように一直線状に 2 つ並べて置いた．棒磁石の長さはどちらも $10(\mathrm{cm})$ で，2 つの磁石の中心は $50(\mathrm{cm})$ 離れている．2 つの磁石の間にはたらく力の大きさを求めよ．

2. 磁極の磁気量が $Q_m(\mathrm{Wb})$ で長さが $L(\mathrm{m})$ の棒磁石がある．この棒磁石と同一直線上で，N 極から $D(\mathrm{m})$，S 極から $(D+L)(\mathrm{m})$ 離れた位置の磁場の強さを求めよ．また，L にくらべて D が十分大きいとき，磁場の強さはどうなるか考えよ．

3. 地球の内外には地球磁場と呼ばれる磁場がある．地球磁場の磁力線は地球の南極から出て北極に入る．赤道付近の磁力線は水平方向を向いているとする．赤道付近に置いた小さな磁針の N 極に，東西の方向に向けた棒磁石を東の方角から近づけたところ，磁針の N 極は北東の方角を向いて止まった．このとき，棒磁石の中心は磁針の N 極から $50(\mathrm{cm})$ 離れたところにあっ

---

*電磁誘導の法則は，一般的には $\oint_C E_t dr = -\frac{d}{dt} \int_S B_n dS$ という式で表される．E_t は電場 E の閉曲線 C に対する接線方向成分である．左辺は，これを曲線 C に沿って一回り積分することである．また，B_n は閉曲線 C がつくる面 S に垂直な磁束密度 B の成分である．右辺の積分は，これを面 S 全体にわたる積分である．

た．赤道付近の地球磁場の強さを求めよ．ただし，棒磁石は長さ 20(cm) で磁極の磁気量が 1.0×10^{-4}(Wb) とする．

4. 半径 a(m) の円形断面をもつ無限に長い銅管の表面を I(A) の一様な電流が流れている．銅管の厚さを無視することにして，銅管の中心から r(m) の位置における磁場の強さを求めよ．

5. ある地点に強さが H(N/Wb) で北を向く磁場が生じている．西から v(m/s) の速さで水平に飛んできた粒子が，この地点を通過する瞬間だけ磁場から力を及ぼされた．粒子は質量が m(kg) で q(C) の電気を帯びているとする．
    (1) 重力加速度を g(m/s^2) として，粒子がこの地点を通過するときの鉛直方向の運動方程式を求めよ．
    (2) $H = 25$(N/Wb)，$v = 5.0$(m/s)，$q = 8.0$(C)，$m = 2 \times 10^{-5}$(kg) とするとき，この地点を通過した瞬間に粒子の鉛直方向に生じる加速度の大きさを求めよ．
    (3) (2) と同じ条件で，粒子が地上すれすれにこの地点を通過したとすると，この地点を通過してから地上 10(m) の高さに到達するまでに水平方向に何 m 進むか．

第5章　電磁波と光

電磁気学の基本法則はマクスウェルの方程式とも呼ばれる．これらのうち，アンペールの法則と電磁誘導の法則から電磁波が存在することを予測できる．そして，真空中の電磁波の速さが光の速さと等しくなることがわかった．電磁波というのは，日常生活で電波と呼んでいるものである．

アインシュタインは，電磁波の法則にも力学の法則のような普遍性があると考えて特殊相対性理論を着想した．マクスウェルが電磁波の存在を予測してからアインシュタインが特殊相対性理論を提唱するまでの時期は，エーテルという不思議な性質の物質が空間を満たしていると考えられていた．しかし，エーテルは特殊相対性理論の登場で消え去った．

5.1　電磁波

【電場と磁場の法則】　第3章と4章で，真空の空間における電場や磁場の法則をみてきた．これらの法則をもう一度書いてみよう．

電場に関するガウスの法則　　$\sum_{i=1}^{K} E_i S_i = \dfrac{Q}{\epsilon_0}$ 　　　　(3.13)

磁場に関するガウスの法則　　$\sum_{i=1}^{K} H_i S_i = 0$ 　　　　(4.10)

アンペール-マクスウェルの法則　　$\sum_{i=1}^{K} H_i L_i = I + \epsilon_0 \dfrac{\Delta E}{\Delta t} S$ 　　　　(4.9)

電磁誘導の法則　　$\sum_{i=1}^{K} E_i L_i = -\mu_0 \dfrac{\Delta H}{\Delta t} S$ 　　　　(4.16)

一般的には，これらの法則は物質中でもなりたち**マクスウェルの方程式**と呼

5.1 電磁波

ばれるが，その場合には上のような式では表現できない[*]．詳しくは，巻末にあげた参考図書や多数出版されている他の書籍を参照してもらいたい．

マクスウェルは，これらの式をもとにして**電磁波**が存在することを予測した．電磁波というのは日常生活で電波と呼んでいるものである．

【電磁波の発生】 電磁波が発生する仕組みを単純化して考えてみよう．図 5.1 のように，交流電源につながれた 2 枚の平行な金属板が真空の空間に置かれている．第 4 章 4.2 節で考えたように，金属板の間には，時間とともに大きさと向きが変化する電場 E ができる．つまり，$\Delta E/\Delta t$ が 0 でないある値をもつ．一方，金属板の間は真空であるから電気を帯びた粒子などは存在せず，この空間に電流が流れることはない．つまり $I = 0$ である．このときには，アンペール-マクスウェルの法則 (4.9) は，

$$\sum_{i=1}^{K} H_i L_i = \epsilon_0 \frac{\Delta E}{\Delta t} S \tag{5.1}$$

となる．

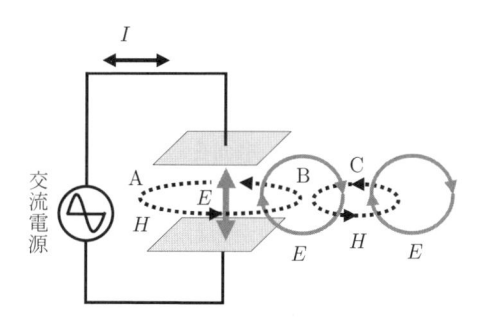

図 5.1 電磁波が発生する仕組み

---

[*] 一般的にはつぎの式で表される．D_n は電束密度 $D = \epsilon E$ の面 S に垂直な成分，ϵ は誘電率である．

$$\text{電場に関するガウスの法則}: \int_S D_n dS = Q$$

$$\text{磁場に関するガウスの法則}: \int_S B_n dS = 0$$

$$\text{アンペール-マクスウェルの法則}: \oint_C H_t dr = I + \frac{d}{dt}\int_S D_n dS$$

$$\text{電磁誘導の法則}: \oint_C E_t dr = -\frac{d}{dt}\int_S B_n dS$$

この式からわかるように，右辺の $\Delta E/\Delta t$ が原因となって，左辺の磁場 H が電場 E の周りに生じると予想される．交流電流によって一定の時間ごとに電場 E の方向が変わるので，ここで生じる磁場 H の回転方向も一定時間ごとに変わる（図 5.1A）．

このような磁場 H は時間とともに変化するので，$\Delta H/\Delta t$ が 0 ではなくある値をもつことになる．そうすると，電磁誘導の法則 (4.16) から予想されるように，磁力線の数の変化を妨げる方向に電場 E が生じることになる（図 5.1B）．

ここで生じた電場 E は，図 5.1A の磁場 H と同じように振動的に回転する．したがって，$\Delta E/\Delta t$ が 0 でない値をもつことになり新しい磁場 H が生じる（図 5.1C）．これは，はじめに磁場 H が生じたときと同じ状態（図 5.1A）である．したがってこのあとは，上で考えたのと同じ仕組みで電場 E，磁場 H が繰り返し発生することになる．この図では，一方向にだけ発生するようすを描いているが，金属板の間の電場と垂直なあらゆる方向に同様な電場 E，磁場 H が繰り返し発生する．

こうして，順に現れる磁場 H と電場 E は互いに垂直な方向に生じる．そのようすを図に描くと図 5.2 のようになる．これは，弦を伝わる波と同様であり，水面に生じる波にも似ている．すなわち，変位電流から波が発生することになる．この波を**電磁波**という*．

弦に生じる波は弦の振動がつぎつぎに隣へ伝わる現象である．水面の波は，水面の水の振動がまだ振動していない水面を順に振動させる現象である．では，電磁波という波は何の振動が伝わる現象だろうか．上の説明から明らかなように，電磁波は電場 E と磁場 H の振動が伝わる現象である．

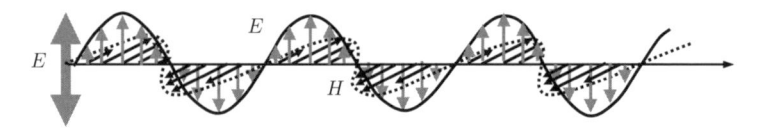

図 5.2　電磁波

【**電磁波と光**】　マクスウェルの方程式から，真空を伝わる電磁波の速さ $c(\mathrm{m/s})$ を求めることができる．その値はつぎのようになる．

---

*波という現象については，第 8 章で詳しく触れる．

$$c = \frac{1}{\sqrt{\epsilon_0 \mu_0}} = 2.99792458 \times 10^8 \mathrm{(m/s)} \tag{5.2}$$

この値は真空を伝わる光の速さに等しい．こうして，光が電磁波であることが明らかにされた．

【電磁波の種類】 放送局から家庭のテレビやラジオにさまざまな情報を届ける媒体は，電波すなわち電磁波である．ご存知のように，テレビやラジオの電磁波にはさまざまな**振動数（周波数）**のものがある．テレビでは VHF や UHF と呼ばれる電磁波が用いられる．VHF は超短波と呼ばれる電磁波で，振動数[*]が 100(MHz) 程度の電磁波である．UHF は極超短波と呼ばれ，およそ 1(GHz) の

表5.1 電磁波の種類

振動数(周波数)		波長	
30kHz		10km	
	長波 (LF)		
300kHz		1km	
	中波 (MF)		
3MHz		100m	
	短波 (HF)		
30MHz		10m	
	超短波 (VHF)		
300MHz		1m	
	極超短波 (UHF)		
3GHz		100mm	
	センチ波 (SHF)		
30GHz		10mm	マイクロ波
	ミリ波 (EHF)		
300GHz		1mm	
	サブミリ波		
3THz		100μm	
	遠赤外線		
30THz		10μm	
	赤外線		
	近赤外線		
300THz		1μm	光
	可視光線		
	紫外線		
		1nm	
	X 線		
		1pm	
	γ 線		

---

[*]周波数については，第 8 章 8.2 節で説明する．

表 5.2 大きな周波数や小さな波長の表記と SI 単位系の接頭語

接頭語と桁	振動数(周波数)	波長
a(アト)=10^{-18}		
f(フェムト)=10^{-15}		
p(ピコ)=10^{-12}		1pm=10^{-12}m
n(ナノ)=10^{-9}		1nm=10^{-9}m
μ(マイクロ)=10^{-6}		1μm=10^{-6}m
m(ミリ)=10^{-3}		1mm=10^{-3}m
c(センチ)10^{-2}		1cm=10^{-2}m
k(キロ)=10^{3}	1kHz=10^{3}Hz	1km=10^{3}m
M(メガ)=10^{6}	1MHz=10^{6}Hz	
G(ギガ)=10^{9}	1GHz=10^{9}Hz	
T(テラ)=10^{12}	1THz=10^{12}Hz	
P(ペタ)=10^{15}		
E(エクサ)=10^{18}		

電磁波である．そしてふつう**光**と呼んでいるのは，振動数が $10^{13} \sim 10^{15}$(Hz) の電磁波のことで，赤外線や**可視光線**，紫外線をさす[*]．

問 5.1 付録の物理定数表にある真空の誘電率および真空の透磁率の値を使って真空中の光の速さを計算し，(5.2) 式のような値になることを確かめよ．

【電磁波の検出】 現実に電磁波という波は存在するのだろうか．そして，その速さは本当に光の速さと等しいのだろうか．それは，実験で確かめなければ証明できない．そして，ヘルツが電磁波の存在することを実験で確かめたのである．1888 年，ヘルツは図 5.3 のような実験を行った．図の左側にあるのは誘導コイルと呼ばれるもので，すき間 A で非常に短い時間間隔で火花放電を繰り返す．この火花放電によって振動する電場が生じる．マクスウェルが予想したような電磁波がこの電場から生じると，離れたところにある検出器のすき間 B に放電を生じる．この実験でヘルツは B に放電が生じることを確かめ，電磁波の存在を証明したのである．さらに電磁波の速さも測定し，その値が光の速さに等しいことを確認した．

---

[*] 可視光線だけをさして光ということもある．

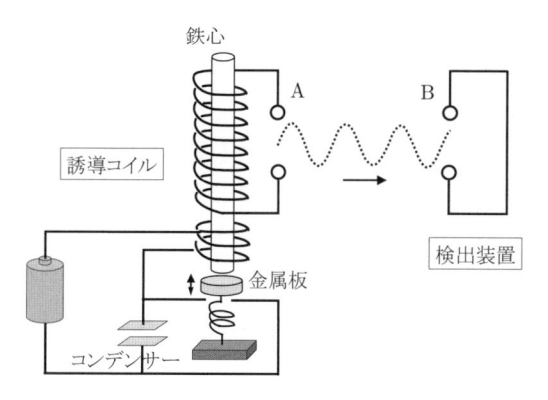

図 5.3 電磁波の検出実験

5.2 電磁波と光

【エーテルと光の速さ】 マクスウェルの方程式から電磁波の時間と空間による変化を表す方程式が導かれる．これを波動方程式というが，この電磁波の波動方程式が大きな問題をはらんでいた．第 2 章 2.1 節でガリレイ変換について考えた．これは，慣性系がことなっても同じ力学法則がなりたつというものであった．ところが，電磁波の波動方程式は，ことなる慣性系では違う形の方程式で表されることがわかったのである．物理学では自然現象は単純な法則で表されると考える．慣性系ごとに物理法則がことなるのは物理学の自然観にあわない．

17 世紀にホイヘンスが光の波動説を唱えて以来，光波を伝えるのはエーテル[*]という媒質であると考えられてきた．マクスウェルとヘルツが，光が電磁波であることを明らかにしてからも，電場と磁場を伝えるのはエーテルであると考えられていた．しかし，エーテルの存在を実証した人はいなかった．エーテルというのは，われわれの身の周りも含めて宇宙に充満している仮想的な物質で，つぎのような性質をもつと考えられていた．

1. 透明
2. 縮まない弾性体
3. 宇宙で唯一静止している（絶対静止系）

---

[*] 麻酔に使われるエーテル（ジエチルエーテル）という化学物質があるが，ここでいうエーテルは，この化学物質とは別物の仮想的な物質である．

地球や地球上にいるわれわれは，宇宙で静止しているエーテルの中を動いている．ところが，エーテルは金属のように硬いので，われわれが動くときには硬いエーテルの中をすり抜けていることになる．エーテルとはこのように奇妙な物質である．そして，透明なので見ることもできない．

仮にエーテルが実在するとして，見ることも触ることもできないエーテルを検出する方法を考えてみよう．電磁波を伝えるのがエーテルならば，電磁波である光は，エーテルから見たときに速さ c(m/s) で伝わる．地球はエーテルの中を運動しているので，地球が進む方向に進む光を見るのと，反対方向に進む光を見るのとでは，光の速さがことなって観測されるはずである．これはちょうど，地球という快速電車の中から窓の外を通過するエーテルという駅のホームで歩く人を見るようなものである．

エーテルから見た地球の速さを V(m/s) とし光の速さを c(m/s) とすると，地球の進行方向と同じ方向に伝わる光は遅く伝わるように見え，その速さは $c - V$(m/s) である．一方，地球の進行方向と反対方向に伝わる光は速く見え，速さは $c + V$(m/s) である．マイケルソンとモーレイは，巧妙な実験でこの違いを観測しようとしたが，何度実験しても速さの違いを検出することはできなかった．つまり，地球から見たエーテルの速さ V は 0 だったのである．

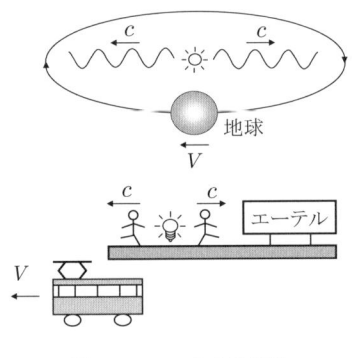

図 5.4 エーテルの検出

【ローレンツ変換】 この実験結果は非常に驚くべきものである．例えば，駅のホームで快速列車の進行方向に c(m/s) で走っている人も，反対方向に同じ速さで走っている人も，快速電車に乗っている人から見たときに同じ速さ c(m/s)

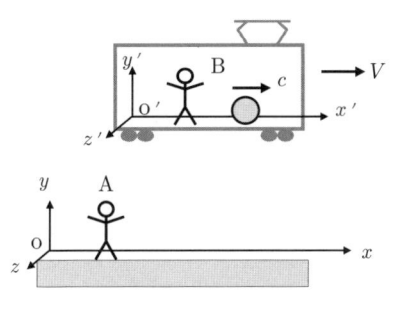

図 5.5 2 つの慣性系

で走っているように見えるのである．つまり，光の速さ c(m/s) は，地球から見ても地球に対して運動している空間から見ても，同じ値になるのである．

忘れているかもしれないので，**ガリレイ変換**をもう一度書いておこう．図 5.5 に示したように，直交座標 (x, y, z) で表される慣性系に対して x 方向に速度 V(m/s) で運動する慣性系 (x', y', z') を考えると，(x', y', z') の原点 O$'$ の位置が $x = 0$ のときから t 秒経過したとして，この座標変換はつぎの式で表される．

$$x' = x - Vt \tag{5.3}$$

$$y' = y \tag{5.4}$$

$$z' = z \tag{5.5}$$

$$t' = t \tag{5.6}$$

速度 V(m/s) で駅を通過する快速電車の中で速さ c(m/s) で動くボールを電車の中の B さんが見たとしよう．電車の座標原点 O$'$ が，駅の座標原点 O と同じになったときに，原点 O$'$ からボールが動きはじめたとする．そうすると，動きはじめてから t 秒後のボールの位置 x'(m) と速さ v'(m/s) は，

$$x' = ct, \qquad v' = c \tag{5.7}$$

である．それに対して，ホームの A さんが見るときには，ボールの位置 x(m) と速さ v(m/s) は，

$$x = x' + Vt, \qquad v = v' + V \tag{5.8}$$

となる．ところが，動くのがボールではなく光だとすると，

$$v = c \tag{5.9}$$

だというのである．つまり，光を観測するときには慣性系に対してガリレイ変換がなりたたないことになる．マイケルソンとモーレイの実験からは，エーテルの存在について明確な証拠が見つけられなかっただけでなく，光の速さについて不思議な結果がもたらされたのである．

ローレンツはこの実験結果に対して，地球がエーテルの中を運動すると運動方向の地球の長さが縮むと考えて，つぎのような座標の変換式を導いた．

$$x' = \frac{x - Vt}{\sqrt{1 - \left(\frac{V}{c}\right)^2}} \tag{5.10}$$

$$y' = y \tag{5.11}$$

$$z' = z \tag{5.12}$$

$$t' = \frac{t - \frac{V}{c^2}x}{\sqrt{1 - \left(\frac{V}{c}\right)^2}} \tag{5.13}$$

x, y, z, t に変換する場合には，相対的に動いている方の慣性系の速度の向きが上の場合とは反対になるので，つぎのようになる．

$$x = \frac{x' + Vt'}{\sqrt{1 - \left(\frac{V}{c}\right)^2}} \tag{5.14}$$

$$y = y' \tag{5.15}$$

$$z = z' \tag{5.16}$$

$$t = \frac{t' + \frac{V}{c^2}x'}{\sqrt{1 - \left(\frac{V}{c}\right)^2}} \tag{5.17}$$

ローレンツ変換とガリレイ変換の違いは V/c の項である．V が c より十分小さく，$V/c = 0$ とみなせるときには，ローレンツ変換はガリレイ変換と同じ式になる．

問 5.2 $V = 0.9c$ と $V = 0.01c$ の 2 つの場合について，(5.10) 式で変換される x と x' の関係を調べよ．

5.3 光の速さに近い運動

【特殊相対性理論】マイケルソンとモーレイの実験結果について，ローレンツとは違ってエーテルは存在しないという結論を出した物理学者がいた．アイ

ンシュタインである．アインシュタインは，速度 V(m/s) で相対運動する慣性系のどちらから見ても光の速さが同じ値になるという実験結果を受け入れた．そして，つぎのような 2 つの原理を仮説とする理論を 1905 年に提案した．

特殊相対性原理　すべての慣性系で，同じ物理法則がなりたつ．
光速不変の原理　真空中の光の速さは，すべての慣性系で同じである．

これら 2 つの原理にもとづく運動の理論を**特殊相対性理論**という[*]．

すべての慣性系で同じ力学法則がなりたつことを，ガリレイの相対性原理といった．特殊相対性原理は力学的法則だけでなく，あらゆる物理法則がことなる慣性系で同じようになりたつことを要請している．

光速不変の原理を前提にすると従来の時間の概念を変えなければならない．ニュートン力学では，時間はすべての慣性系で一様に流れると考えられている．つまり，駅のホームにいる人と等速度運動する電車に乗っている人は，同じように経過する時間を共有していると考えていた．ところが，彼らが経験する時間の長さは違うのである．

快速電車が一定速度で駅を通過するとき電車に乗っている人がボールを蹴ったとしよう．電車の中で t 秒間にボールが l'(m) 動いたとすると，車内の人が見たボールの速さ v'(m/s) は，

$$v' = \frac{l'}{t} \tag{5.18}$$

である．一方，ホームから見ると電車は動いているので，t 秒間にボールが動く距離は電車の中とは違う値 l(m) に見える．そうすると，ホームにいる人から見たボールの速さ v(m/s) は，

$$v = \frac{l}{t} \tag{5.19}$$

である．ところが，ボールの代わりに光を考えてみると，光速不変の原理から，

$$v = v' = c \tag{5.20}$$

である．つまり，l/t と l'/t はことなるのにどちらも c に等しいということになる．

$$c = \frac{l}{t} \neq \frac{l'}{t} = c \quad ? \tag{5.21}$$

---
[*] 相対性理論には特殊相対性理論のほかに 1915 年に発表された一般相対性理論がある．単に相対性理論といえば，これら 2 つの理論をさす．

この式が正しくなりたつには，電車で経過する時間 $t'(\mathrm{s})$ が駅のホームで経過する時間 $t(\mathrm{s})$ とことなっていればよい．そうすると，

$$c = \frac{l}{t} = \frac{l'}{t'} = c \tag{5.22}$$

となって矛盾がない．

　アインシュタインは，光速不変の原理と特殊相対性原理をもとにしてローレンツ変換と同じ変換式を導いた．ローレンツ変換は，絶対静止系としてのエーテルの存在を肯定するためにローレンツが導いたものである．しかしアインシュタインは，この変換式にまったくことなる意味を与えた．つまりエーテルのような，絶対静止した慣性系という特別なものを考えず，すべての慣性系は同等であると考えた．そして，ことなる慣性系の間で，時間と空間がローレンツ変換によって変換されるとしたのである．

【時間と長さの相対性】　ローレンツ変換をもとにして考えると，等速度で相対運動する慣性系の間で時間がどれだけことなるかを調べることができる．また，時間だけでなく長さもことなることがわかる．これらについて．以下の例題で考えてみよう．

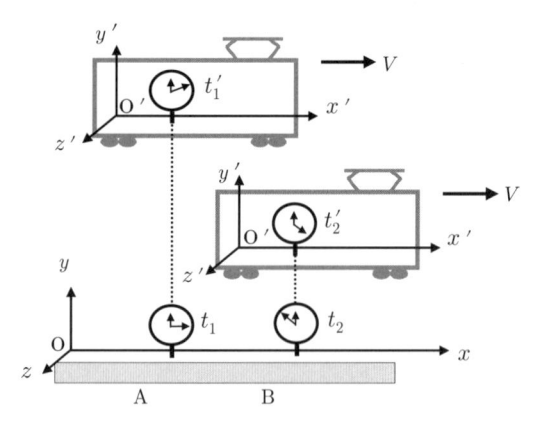

♦**例題 5.1**　快速電車が一定速度 $V(\mathrm{m/s})$ で駅を通過する．快速電車の中と駅のホームにある 2 つの時計を使って，それぞれの時間経過を測った．駅と電車で経過する時間がどれだけ違うか調べよ．

図 5.6

解答 電車がホームの A 点を通過するとき,ホームと電車内にある時計で測った時刻がそれぞれ t_1, t'_1 とする.また,電車がホームの B 点を通過するときの時刻はそれぞれ t_2, t'_2 だったとする.ローレンツ変換 (5.17) を使うと,電車が A 点と B 点を通過するときのホームと電車内にある時計の時刻はつぎのような関係になっている.

$$t_1 = \frac{t'_1 + \frac{V}{c^2}x'}{\sqrt{1-\left(\frac{V}{c}\right)^2}}, \quad t_2 = \frac{t'_2 + \frac{V}{c^2}x'}{\sqrt{1-\left(\frac{V}{c}\right)^2}}$$

x' は電車内の時計の位置である.駅から見て,電車が A 点と B 点を通過する間の時間間隔は $t_2 - t_1$ (s) であるから,上の 2 式よりつぎの関係が得られる.

$$t_2 - t_1 = \frac{t'_2 + \frac{V}{c^2}x'}{\sqrt{1-\left(\frac{V}{c}\right)^2}} - \frac{t'_1 + \frac{V}{c^2}x'}{\sqrt{1-\left(\frac{V}{c}\right)^2}} = \frac{t'_2 - t'_1}{\sqrt{1-\left(\frac{V}{c}\right)^2}}$$

分母の $\sqrt{1-(V/c)^2}$ は 1 より小さいので,つぎの関係がなりたつ.

$$t_2 - t_1 > t'_2 - t'_1$$

つまり,ホームから見ると電車の中では時間がゆっくりと過ぎていくことになる.

♦

問 5.3 $V = 0.9c$ のとき $t_2 - t_1 > t'_2 - t'_1$ がなりたつことを確かめよ.

♦例題 5.2 快速電車が一定速度 V(m/s) で駅を通過するとき,駅のホームで電車の椅子の長さを測ることにする.電車の中で測った椅子の長さと駅のホームで測った長さを比較せよ.

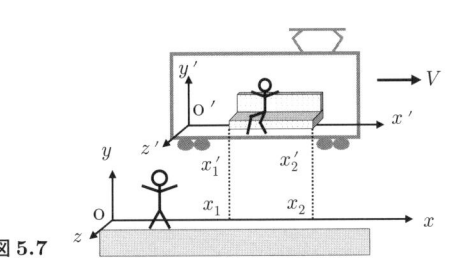

図 5.7

解答 ホームの時刻が t のときに椅子の両端の位置を調べる．ホームで調べた値が x_1(m) と x_2(m)，電車の中で調べた値が x'_1(m) と x'_2(m) だったとする．ローレンツ変換 (5.10) からつぎの関係がなりたつ．

$$x'_1 = \frac{x_1 - Vt}{\sqrt{1 - \left(\frac{V}{c}\right)^2}}, \qquad x'_2 = \frac{x_2 - Vt}{\sqrt{1 - \left(\frac{V}{c}\right)^2}}$$

電車の中で測った椅子の長さは $l_0 = x'_2 - x'_1$(m) で，ホームから見た電車の中の椅子の長さは $l = x_2 - x_1$(m) であるからつぎの関係が得られる．

$$l_0 = x'_2 - x'_1 = \frac{x_2 - Vt}{\sqrt{1 - \left(\frac{V}{c}\right)^2}} - \frac{x_1 - Vt}{\sqrt{1 - \left(\frac{V}{c}\right)^2}} = \frac{x_2 - x_1}{\sqrt{1 - \left(\frac{V}{c}\right)^2}} = \frac{l}{\sqrt{1 - \left(\frac{V}{c}\right)^2}}$$

$$\therefore l = l_0 \sqrt{1 - \left(\frac{V}{c}\right)^2} < l_0$$

つまり，駅のホームから電車の中に置かれている椅子を見ると，長さは縮むのである．等速運動する物体の長さが縮むことを**ローレンツ短縮**という．　　♦

問 5.4 $V = 0.9c$ のとき，$l < l_0$ が成り立つことを確かめよ．

例題 5.1 の時間の遅れも例題 5.2 のローレンツ短縮も，$\sqrt{1 - (V/c)^2}$ があるために生じる現象である．しかし例題で取り上げた快速電車程度の速さでは，$(V/c)^2$ の値は非常に小さくほとんど 0 とみなせる．つまり，われわれが日常経験する運動では $\sqrt{1 - (V/c)^2} \fallingdotseq 1$ になるので，時間の遅れもローレンツ短縮も観測することはできない．

問 5.5 つぎの乗り物について $\sqrt{1 - (V/c)^2}$ の値を計算せよ．また $\sqrt{1 - (V/c)^2}$ の値が 0.5 のとき，V は c の何倍になるか．
乗用車　$V = 50$(km/h)，ジェット旅客機　$V = 900$(km/h)，
スペースシャトル　$V = 8$(km/s)，地球（公転軌道速度）　$V = 30$(km/s)

【特殊相対性理論の実験による検証】 どんなに素晴らしい理論でも実験で証明する必要がある．特殊相対性理論も実験による裏づけが必要である．時間の遅れやローレンツ短縮のような，特殊相対性理論から予想される現象が実際に観測されなければ，この理論は古代ギリシャのソフィストらの理論と同じように，詭弁と言われてもしかたがない．しかし，つぎに説明するようなミューオ

5.3 光の速さに近い運動

ンという粒子の寿命を観測することによって，時間の遅れやローレンツ短縮が確かめられたのである．

宇宙からは多数の宇宙線と呼ばれる粒子が絶えず地球に降りそそいでいる．これらが地球の大気圏に突入すると，空気の原子核と相互作用して多数の粒子を発生する．これらの粒子は光の速さに近い高速度で地上に向かって降ってくる．**ミューオン**もそのような粒子のひとつである．

ミューオンは発生してからある時間過ぎると自然に崩壊して電子など他の粒子に分裂する．崩壊するまでの時間を寿命というが，ミューオンが静止しているときの寿命はおよそ 2.2×10^{-6}(s) である．しかしこの程度の寿命では，崩壊するまでに地上までの長い距離を移動できない．ところが，光の速さに近い高速度で運動するとき，地上にいるわれわれから見てミューオンの時間はゆっくりと経過している．そのために，地上までの長旅を終えることができる．実際に観測してみると，地上に多数のミューオンが到達しているのである．

地上にいる人から見て，ミューオンの寿命がどれくらいになるか計算してみよう．ミューオンと一緒に速さ V(m/s) で運動する座標を (x', y', z') とし，地上に固定した座標を (x, y, z) とする．静止しているミューオンの寿命を T'(s) とし，地上から見た運動するミューオンの寿命を T(s) とする．例題 5.1 の結果を使って T を T' で表すとつぎのようになる．

$$T = \frac{T'}{\sqrt{1 - \left(\frac{V}{c}\right)^2}}$$

ミューオンの速さを $V = 0.9c$(m/s) とし，$T = 2.2 \times 10^{-6}$(s) を代入すると，

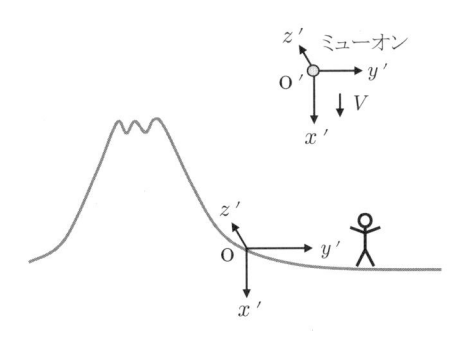

図 5.8　ミューオンの寿命と移動する距離

$$T = \frac{2.2 \times 10^{-6}}{\sqrt{1 - \left(\dfrac{0.9c}{c}\right)^2}} = \frac{2.2 \times 10^{-6}}{\sqrt{1 - 0.81}} \fallingdotseq 5.0 \times 10^{-6} \quad (\text{s})$$

となる．運動するミューオンの寿命は静止しているときにくらべて約2倍になる．

演習問題5

1. ラジオ局のスタジオでかけられた音楽が家庭のラジオで聞ける仕組みを考えよ．また，発電所から家庭へ電気を送る送電線から磁場が生じる仕組みについても考えてみよ．
2. 駅のホームに立っている人の時計が1分経過した．この間に目の前を一定の速度で通り過ぎる列車に乗っている人の時計は30秒しか経過しないとする．ホームから見た列車の速さは真空中の光の速さの何倍になるか．
3. 2つの宇宙ロケットA，Bが一定速度で飛んでいる．Bから見たAの速度は真空中の光の速さの80%であった．Aの乗組員が自分たちのロケットの長さを測ったらL_0であった．また，Bの乗組員がAの長さを測ったらLであった．Bから見たときにAの長さが短縮する割合$(L_0 - L)/L_0$を求めよ．
4. ミューオンは短い寿命にもかかわらず地上まで到達する．地上から見たときに，ミューオンが落下する距離をローレンツ短縮によって求めよ．ただし，ミューオンが静止しているときの寿命は$2.2 \times 10^{-6}(\text{s})$で，落下する速さは真空中の光の速さの80%であるとする．ただし，真空中の光の速さを$3.0 \times 10^8 (\text{m/s})$とする．

第6章　物質と温度

　身の回りを見わたすといろいろな物質であふれている．水も空気も木や石も，みんな物質である．そしてこれら物質は，分子や原子という肉眼では見えないような小さな粒子が集まったものである．分子や原子は絶えず動いている．この運動は熱運動と呼ばれる．物質を構成するこれらの粒子が熱運動するので，体積が増えたり，圧力が大きくなったりする．われわれが，直接見たり感じたりすることができる体積，圧力，温度などが，肉眼では見えない分子の熱運動とどんな関係になっているか，考えてみよう．

6.1　分子運動と運動の法則

　【物質と分子】　どんな物質も，分子や原子という肉眼では見えないような非常に小さな粒子からできている．これらは絶えず動いていて，温度が高いほど活発に運動する．この運動のことを**熱運動**という．原子の大きさは直径が約 $0.1(nm)$，分子の大きさはその数倍である*．分子を質点とみなして運動方程式を応用してみよう．

　【仕事と運動エネルギー】　質量 $m(kg)$ の粒子の位置が Δt 秒間に $\Delta x(m)$ だけ移動し，速度が $v(m/s)$ から $v'(m/s)$ に変化したとしよう．速度が変化する前後の状態で，$1/2 \times 質量 \times 速度^2$ という物理量を考えることにする．この物理量の変化を計算するとつぎのようになる．

$$\frac{1}{2}mv'^2 - \frac{1}{2}mv^2 = \frac{1}{2}m(v'^2 - v^2)$$
$$= \frac{1}{2}m(v'+v)(v'-v)$$

---

* $0.1(nm)$ は 100 万分の $1(mm)$ のことである．引き伸ばすと $0.1(\mu m)$ 程度の長さになる．高分子と呼ばれる巨大な分子もある．

いま考えている時間間隔 Δt(s) が，0.01 秒とか 0.00001 秒などのように非常に小さいときを考えると，v' は v にくらべてあまり変化していないので，

$$v' + v = 2v$$

となる．このとき，速度の変化 $v' - v$ は非常に小さくなるが，0 とするわけにはいかない．もしもこれを 0 とすると，誤差が 100% になるからである[*]．そこで，

$$v' - v = \Delta v$$

と置くことにする．そうすると上の式は，

$$\frac{1}{2}mv'^2 - \frac{1}{2}mv^2 = mv\Delta v$$

となる．ところで速度 v は $\Delta x/\Delta t$ であるから，この関係を代入して，さらに Δx と Δt の掛け算の順序を入れ替えるとつぎのようになる．

$$\frac{1}{2}mv'^2 - \frac{1}{2}mv^2 = m\frac{\Delta x}{\Delta t}\Delta v = m\frac{\Delta v}{\Delta t}\Delta x$$

1 秒あたりの速度の変化 $\Delta v/\Delta t$ は加速度である．

粒子に力 F(N) がはたらいて加速度 a(m/s^2) が生じるとき，粒子の運動は運動方程式

$$ma = F$$

で表される．$a = \Delta v/\Delta t$ であるから，運動方程式は

$$m\frac{\Delta v}{\Delta t} = F$$

である．そうすると，上の式はつぎのようになる．

$$\frac{1}{2}mv'^2 - \frac{1}{2}mv^2 = F\Delta x \tag{6.1}$$

(6.1) 式の右辺 $F\Delta x$ を力 F が粒子にした**仕事**という．学生がアルバイトするのも仕事というが，学生アルバイトは賃金という方法でお金に換算して仕事の量を評価する．しかし，物理では仕事の量を上のように定義して数値で表すことにしている．

---

[*] 次ページの問 6.1 参照．

問 6.1 $v' - v \fallingdotseq \Delta v$ と近似すると，誤差は $\{\Delta v - (v' - v)\}/(v' - v)$ である．$v=1000$(m/s)，$v'=1001$(m/s) のとき，$\Delta v = 0$ としたときの誤差を求めよ．また，$v' + v \fallingdotseq 2v$ と近似したときの誤差も求めて比較せよ．

速度 v(m/s) で運動する物体を手で止めたとしよう．手が物体に及ぼした力の大きさを F(N) とし，止まるまでに物体が移動した距離を Δx(m) とすれば，(6.1) 式はつぎのにようなる．

$$-\frac{1}{2}mv^2 = F\Delta x \quad \therefore \quad \frac{1}{2}mv^2 = (-F)\Delta x$$

$-F$ は物体が手を押す力である．したがってこの関係は，動いている物体が止まるまでのあいだに手に対してした仕事が，$(1/2)mv^2$ という大きさになることを表している．仕事をする能力のことをエネルギーというが，上の関係から，運動する物体がもつ $(1/2)mv^2$ という物理量がエネルギーの一種であることがわかる．この物理量 $(1/2)mv^2$ を**運動エネルギー**という．物理では，運動エネルギーのほかにもいろいろなエネルギーが登場する．エネルギーの単位は J で，ジュールと読む．仕事の単位も J である．

仕事	$F\Delta x$
運動エネルギー	$\frac{1}{2}mv^2$

問 6.2 $m = 3.0 \times 10^{-27}$(kg) の粒子に力がはたらき，速さが 100(m/s) から 200(m/s) になった．この力が粒子にした仕事の大きさを求めよ．

◆**例題 6.1** 図 6.1 に示したように，質量 m(kg) の粒子が重力の作用を受けて高さ h(m) から h'(m) まで落下した．このとき，空気の抵抗力のような熱の発生をともなう力はないとする．重力が粒子にする仕事 $F\Delta x$(J) を計算せよ．

解答 図 6.1 のように，鉛直上向きが正の向きになるように x 軸を考える．重力の大きさ F は mg(N) であるが，x 軸のマイナス方向にはたらくので $F = -mg$ と書く[*]．また，$\Delta x = h' - h$ であるから，(6.1) 式の右辺は，

$$F\Delta x = -mg(h' - h) = -mgh' + mgh$$

---
[*] 29, 33 ページ参照．

図 6.1　重力と仕事

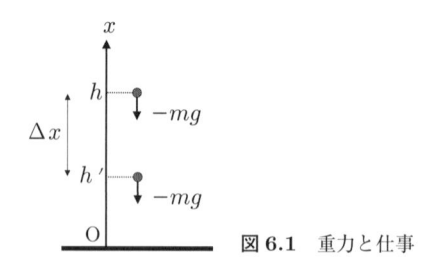

となる.　　　　　　　　　　　　　　　　　　　　　　　　　　　　◆

【力学的エネルギー保存則】　例題 6.1 で，mgh' と mgh をそれぞれ U', U という記号で置き換えると，仕事 $F\Delta x$ の式はつぎのように書ける.

$$F\Delta x = -U' + U$$

U, U' を**位置エネルギー**という．この関係は重力だけでなく，バネが縮もうとする力や万有引力，静電気力の場合にもなりたつ．上の式を (6.1) 式に代入するとつぎのように書き換えられる.

$$\frac{1}{2}mv'^2 - \frac{1}{2}mv^2 = -U' + U, \qquad \therefore \frac{1}{2}mv'^2 + U' = \frac{1}{2}mv^2 + U \quad (6.2)$$

(6.2) 式は，ある運動状態の運動エネルギーと位置エネルギーの和が運動状態が変わっても変化せず，一定の値に保たれることを表している．この関係を**力学的エネルギー保存則**という．また，運動エネルギーと位置エネルギーの和 $(1/2)mv^2 + U$ のことを**力学的エネルギー**という.

例題 6.1 の場合には，力学的エネルギー保存則はつぎのように書くことができる.

$$\frac{1}{2}mv'^2 + mgh' = \frac{1}{2}mv^2 + mgh \quad (6.3)$$

問 6.3　高さ 3.0(m) の滑り台から体重 20(kg) の子供が滑り降りる．滑り始めるときの速さが 0(m/s) だとする．摩擦がないとして，下まで滑り降りたときの速さを求めよ.

【容器に入った粒子 1 個の運動】　(6.1) 式の応用として，図 6.2 のような立方体容器の中で運動する 1 個の粒子を考えることにする．この粒子は重力の影響を受けず，分子のように熱運動して容器内部を飛び回り，容器の壁と衝突を繰

6.1 分子運動と運動の法則

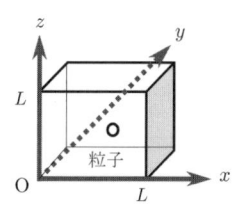

図 6.2 立方体容器

り返すとする．壁に衝突するときに粒子が壁を押す力 f を求めよう．

粒子は質量 m の質点[*]とみなし，大きさは考えないことにする．粒子の速さが非常に大きければ，粒子は 6 つある容器の壁すべてに同じ回数衝突すると考えてよい．したがって，どれか一つの壁に対する衝突と同じことがほかの壁についても起こっている．そこで，$x = L$ のところにある x 軸に垂直な壁について考えることにする．この壁を，y 軸のマイナス方向から見たようすを図 6.3 に示す．

粒子が壁に衝突するとき摩擦力がはたらかないとしよう．摩擦力は壁に沿った方向の運動に影響する．したがって，摩擦力がなければ壁に沿った方向の速度は変化せずに，粒子ははね返される．このとき粒子が壁を垂直に押す力を $f(\mathrm{N})$ とする．

物体が他の物体に力を及ぼすと同じ大きさで反対向きの力を返される．これは**作用反作用の法則**であり，粒子と壁の衝突でもなりたつ．したがって粒子は，壁から $-f(\mathrm{N})$ の力を及ぼされることになる．

【壁に衝突したあとの粒子の速度】 粒子が壁に衝突したあと，壁に垂直な方向については同じ早さではね返されるとしよう．すなわち，衝突する前の粒子の x 方向の速度を $v(\mathrm{m/s})$，衝突後の速度を $v'(\mathrm{m/s})$ とすると，

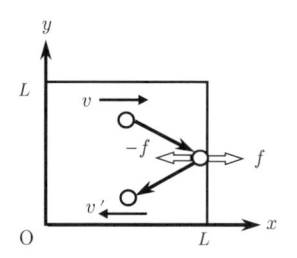

図 6.3 粒子と $x = L$ の壁の衝突

---
[*] 物体の形を無視して，大きさのない点で置き換えたもの．28 ページ参照．

$$v' = -v \tag{6.4}$$

がなりたつ．このような衝突を**弾性衝突**という．弾性衝突では衝突の前後で運動エネルギーが変化しない．ここでは，壁に沿った方向の速度が変化しないので，つぎの関係がなりたつ．

$$\frac{1}{2}mv^2 = \frac{1}{2}mv'^2 \tag{6.5}$$

ゴムボールを床に落としたときなど，身の回りで起こる衝突ではふつう v' の大きさは v の大きさよりも小さい．このような場合は衝突によって運動エネルギーが減少するので，弾性衝突ではない．

問 6.4 質量が $0.2(\mathrm{kg})$ のゴムボールを床に落としたとき $v = 0.5(\mathrm{m/s})$, $v' = -0.3(\mathrm{m/s})$ だったとする．このとき，衝突前後の運動エネルギーの差を求めよ．

【粒子が壁を押す力】 粒子が壁に衝突するときには，壁を大きさ f の力で押し，壁から力 $-f$ を及ぼされる．このときの粒子の運動方程式は

$$m\frac{\Delta v}{\Delta t} = -f \tag{6.6}$$

となる．

ところで，粒子が壁に衝突するときに生じる力は，衝突の短い時間に急激に大きくなって再び小さくなる衝撃力である．つまり，時間とともに急激に大きさが変わるので，この力を正確に調べることは難しい．そこで粒子が壁を押す力として，衝突の短い時間についての平均の力を考えることにする．

粒子が $x = L/2$ の位置を過ぎてから $x = L$ にある壁に衝突し，再び $x = L/2$ にもどるまでの時間を Δt とすると，この時間は衝突の瞬間的な時間にくらべて十分に長い．その間には力がはたらかない時間もあるが，ここでは平均の衝撃力を時間 Δt についてさらに平均した力を f と考えることにする．さて，Δt は

$$\Delta t = \frac{\frac{L}{2} + \frac{L}{2}}{v} = \frac{L}{v} \tag{6.7}$$

である．また，その間の速度の変化 Δv は，(6.4) 式からつぎのようになる．

$$\Delta v = v' - v = -v - v = -2v \tag{6.8}$$

問 6.5 100(m) を 15 秒で走る人が，10(m) の距離を 1 往復する時間を求めよ．また，速さ 1000(m/s) で運動する分子が 0.1(m) の距離を 1 往復する時間を求めよ．

粒子の運動方程式 (6.6) を，(6.7)，(6.8) 式を使って書き換えるとつぎのようになる．

$$m\frac{-2v}{\frac{L}{v}} = -f, \qquad m(-2v)\frac{v}{L} = -f, \qquad 2m\frac{v^2}{L} = f$$

$$\therefore f = 2m\frac{v^2}{L} \tag{6.9}$$

これが，容器内の 1 個の粒子が壁を押す平均の力の大きさである．

問 6.6 $m = 3.0 \times 10^{-27}$(kg)，$v = 2.0 \times 10^3$(m/s)，$L = 0.4$(m) のとき f(N) を求めよ．

6.2 気体の分子運動と圧力

【気体分子運動のモデル】 身近な気体の例は空気である．空気は窒素，酸素，二酸化炭素など多種類の気体が混じったものである．また，ふわふわ浮かぶ風船の中にはヘリウムという気体が入っている．これらの気体が，1 リットルの牛乳用紙パック 22 個分くらいの容器に入っているとすると，容器の中にはおよそ 6.02×10^{23} 個という膨大な数の気体分子が入っている．そして，この膨大な数の分子が 100(m/s) とか 1000(m/s) という速さで，容器内を飛び回っている．2.2ℓ の容器が立方体ならば，一辺の長さが約 0.28(m) の容器であるから，分子は容器の壁に 1 秒間に数百回から数千回衝突することになる．

前の節で考えた，一辺の長さが L(m) の立方体容器に N 個の分子が入っているとしよう．分子を質点と考えると，一つ一つの分子が前節で調べた粒子の運動と同様に容器の壁に衝突する．ここでつぎのように仮定して，N 個の分子が壁に及ぼす力の大きさを求めてみよう．

1. 分子はどの方向へも同じように運動する（等方的な運動）．
2. 分子どうしは衝突せず，どの分子も平均の速さ v(m/s) で運動する．
3. 分子が容器の壁と衝突するとき摩擦力ははたらかず，分子と壁は弾性衝突する．

現実に起こっていることをこのように単純化すると，ビデオで映し出すように実際の気体分子の運動をありのままに見ることにはならない．しかし，本質的な要素だけが抽出されて問題が簡単になる．このように単純化した対象を**モデル**という．どのようなモデルをつくるかは理論によってことなる．そして，モデルが自然現象の真理を適切に表しているかどうかが，理論の優劣を決める．理論は，われわれが自然現象について獲得した知識である．どんなに優れた理論も真理の一側面を捉えているに過ぎないが，真理のより大きな側面を捉えた理論が，より優れた理論ということになるのだろう．

【気体の圧力】 上のひとつ目の仮定から，10^{23} 個程度の膨大な数の分子がどの方向へも同じように運動するので，立方体容器の6つの壁のうち，一つの壁には $N/6$ 個の分子が衝突すると考えることにする．(6.9) 式を使って $N/6$ 個の気体分子が一つの壁に及ぼす力の平均の大きさを表すとつぎのようになる．

$$\frac{N}{6}f = \frac{N}{6} \times 2m\frac{v^2}{L} = \frac{N}{3}m\frac{v^2}{L}$$

容器に閉じ込められた気体や液体は容器の壁を外向きに押す．この力を**圧力**という．圧力の大きさは，壁の $1(\mathrm{m}^2)$ あたりを垂直に押す力の大きさで表す．圧力はふつう記号 P で表し，つぎのように計算する．

$$P = \frac{力 (\mathrm{N})}{面積 (\mathrm{m}^2)} \tag{6.10}$$

この式を見るとわかるように，圧力 P の単位は $\mathrm{N/m}^2$ である．しかし，国際 (SI) 単位では圧力の単位に Pa (**パスカル**) という名前が与えられているので，ふつうは Pa を使う．地球表面にいるわれわれには地球をおおう空気の圧力がはたらいている．この圧力を**大気圧**といい，大きさはおよそ $1.013 \times 10^5 (\mathrm{Pa})$ である．これを 1 気圧ということもある．圧力は $1(\mathrm{m}^2)$ を押す力なので，大相撲の横綱よりも幼稚園児の方が大きな圧力を生じる場合がある．

問 6.7 断面が正方形の容器を2つ用意する．それぞれの容器に，鉛直方向になめらかに動くピストンでふたをして空気を閉じ込める．一方の容器は，断面の一辺の長さが $1(\mathrm{m})$ で，もう一方は一辺の長さが $10(\mathrm{cm})$ である．断面積の大きな容器のふたに体重 $200(\mathrm{kg})$ の横綱が乗り，小さい方のふたには体重 $20(\mathrm{kg})$ の幼稚園児が乗る．幼稚園児が乗った容器内の圧力は横綱が乗った容器内の圧力の何倍になるか．

この気体が一つの壁に及ぼす圧力 $P(\mathrm{Pa})$ を，N, $L(\mathrm{m})$, $v(\mathrm{m/s})$, $m(\mathrm{kg})$ を用いて表すとつぎのようになる．ただし，最後の式は $(1/2)mv^2$ が現れるように書き換えた．

$$P = \frac{\frac{N}{6}f}{L^2} = \frac{\frac{N}{3}m\frac{v^2}{L}}{L^2} = \frac{N}{3}\frac{m}{L^2}\frac{v^2}{L} = \frac{2}{3}N\frac{1}{2}mv^2\frac{1}{L^3}$$

ここで，$L^3(\mathrm{m}^3)$ は容器の体積であるから，これを $V(\mathrm{m}^3)$ と表すことにすると，

$$P = \frac{2}{3}\frac{N}{V}\frac{1}{2}mv^2 \tag{6.11}$$

となる．$(1/2)mv^2$ は気体分子 1 個の平均の運動エネルギーである*．すなわち (6.11) 式は，**熱運動による気体分子の平均運動エネルギー $(1/2)mv^2$ が大きいほど気体の圧力が大きくなる**ことを表している．

問 6.8 ある気体が容器に閉じ込められている．気体分子の平均の速さが，$500(\mathrm{m/s})$ から $1000(\mathrm{m/s})$ になった．圧力は何倍になったか．

6.3 気体の状態

【**熱平衡**】 やかんで沸かしたお湯が入ったグラスを氷水に入れて冷やすと，ごくわずかだが水面の高さが下がる．温度計のアルコールのように，非常に細い容器に液体を入れるとこの変化はもっとはっきりする．水やアルコールのような液体だと体積の変化は小さいが，空気のような気体だと変化は大きい．暖かい部屋の中で膨らませた風船を冬の外気にあてると，風船の張りが弱くなるのがわかるだろう．

図 6.4 のように，針を取って栓をした注射器に空気を閉じ込め，熱いお湯に入

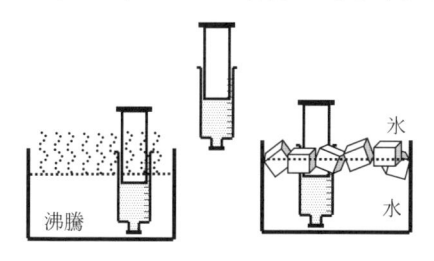

図 6.4 空気を密封した注射器の体積変化

---
* v^2 は厳密には 2 乗平均速度といい，分子の速度の x, y, z 方向成分の 2 乗平均から求められる．

れる.しばらくしてから,注射器を氷水の入った水槽に移すとピストンの位置は下がり続けるが,やがてほとんど下がらなくなる.十分に時間がたってもピストンの位置が変化しなくなったとき,注射器内の空気と水槽の水は**熱平衡**であるという.また,このときの注射器内の空気のような状態を**熱平衡状態**という.

【温度計】 水を入れた3つの水槽を用意して,図6.5のような実験をしてみよう.

はじめに注射器を水槽Aに入れて,注射器内の空気が熱平衡状態になるまで待ち,空気の体積を測る.注射器には目盛りをつけて空気の体積がわかるようにしておく.つぎに,注射器を水槽Aから取り出して水槽Bに入れたところ,注射器のピストンの位置が変わらなかったとしよう.このとき,Aの水とBの水では何かが同じになっている.そして,注射器の目盛りからこの何かを測ることができそうである.

最後に,水槽Cに注射器を入れてみた.今度は注射器内の空気の体積がA,Bのときとは違ったとしよう.Cの水はA,Bの水とは何かが違っている.水槽の水はどれも同じ圧力(大気圧)のもとにある.では何が違うのだろうか.A,Bでは同じだが,Cとはことなるような水の状態を特徴づける物理量を温度と呼ぶことにする.つまり,AとBは温度が同じ状態であり,Cは温度がことなる状態である.そして,注射器の気体は温度を測る役割を果たしたことになる.つまり,温度計である.このように調べる温度を**経験温度**ということがある.

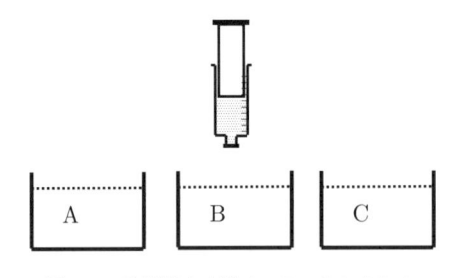

図 **6.5** 注射器を水槽 A,B,C に入れる

【気体温度計】 経験温度の一例として,注射器のはたらきをもう少し具体的に考えてみよう.図6.6のように,横軸に体積V,縦軸に温度をとったグラフを方眼紙に描くことにする.温度はギリシャ文字のθで表すことにする.図6.4

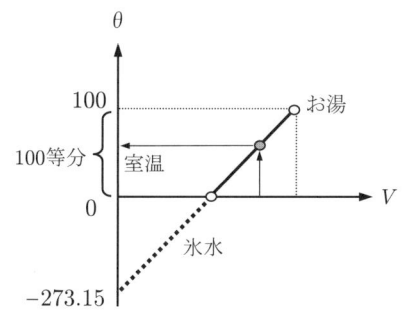

図 6.6 グラフでつくる気体温度計

のように，氷水と沸騰するお湯を入れた水槽を用意する．空気を入れた注射器をはじめに氷水に入れて熱平衡状態にし，注射器内の空気の体積を測る．このときの温度を 0 と決めて図 6.6 のグラフ上に印をつける．

つぎに，注射器を沸騰したお湯の中に入れて，熱平衡状態になったときに空気の体積を測る．今度もグラフに印をつけるが，縦軸 θ の位置はどこでもよい．そして，氷水のときと沸騰したお湯のときの縦軸の位置の間を 100 等分する．つまり，沸騰したお湯の縦軸 θ の値を 100 としたことになる．最後にグラフ上の 2 点を直線で結ぶと温度計が出来上がる．この温度計を**気体温度計**という．ここで，縦軸に選んだ温度 θ の単位を℃とする*．a, b を定数としてこのグラフを式で表すと，

$$\theta = aV + b \tag{6.12}$$

となる．

この温度計で室温を測るときは，注射器を室内に放置して注射器内の空気が熱平衡状態になるまで待つ．本当の意味で熱平衡状態になるには，限りなく長い時間待たなければならないが，実際には，空気の体積が誤差の範囲内でほとんど変化しなくなるまで待つ．そして，空気の体積がグラフ上で対応する温度の値を読む．この値が室温である．

図 6.6 に示したグラフを $V = 0$ まで延長すると，θ の値は約 -273（℃）になる．この値は -273.15 と決められていて，(6.12) 式はつぎのように表され

---

*℃の単位の経験的温度目盛りをセ氏温度という．アメリカなどで日常使われるカ氏温度の単位は °F である．カ氏目盛り (θ_F) とセ氏目盛り (θ_C) の関係は $\theta_F = 32 + 1.8\theta_C$ である．例えば，100 °F = 37.8 ℃，32 °F = 0 ℃ などとなる．

る．
$$\theta = aV - 273.15, \qquad \therefore V = \frac{1}{a}(\theta + 273.15) \tag{6.13}$$
ここで，
$$T = \theta + 273.15 \tag{6.14}$$
と置くと，(6.13) 式は単純な比例式
$$V = \frac{1}{a}T \tag{6.15}$$
になる．(6.14) 式で定義した温度 T を**気体温度計温度**という．この温度は後で出てくる**熱力学的温度**（**絶対温度**）と同じ値になるので，単位は熱力学的温度と同じ**ケルビン** (K) とする．

問 6.9 大気圧のもとで気体の温度が 0 ℃ から 100 ℃ になった．体積は何倍になるか．

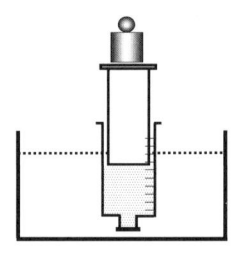

図 6.7 気体の圧力を変える

【**気体の体積と圧力の関係**】 今度は，気体が入った注射器を温度が一定の水槽に入れて気体の圧力を変えてみよう．図 6.7 のように，注射器に乗せるおもりを変えて気体の体積を測る．

おもりやピストンの重力の大きさ $F(\mathrm{N})$ を，注射器の断面積 $S(\mathrm{m}^2)$ で割った値に大気圧 $p(\mathrm{Pa})$ を加えたもの
$$P = \frac{F}{S} + p \tag{6.16}$$
は，熱平衡状態では気体がピストンや注射器内壁に及ぼす圧力の大きさに等しい．実験の結果をグラフにすると，図 6.8 のように体積 $V(\mathrm{m}^3)$ が圧力 $P(\mathrm{Pa})$ に反比例する．
$$V = c\frac{1}{P} \qquad (c \text{ は定数}) \tag{6.17}$$

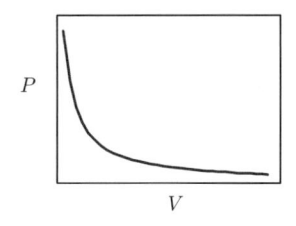

図 6.8 体積と圧力の関係

ただし厳密にいえば，圧力が大きくなると体積は反比例の関係から少しずれる．しかし，そのわずかなずれを無視するならば，(6.17)式のような関係がなりたつ．

問 6.10 空気を閉じ込めた円柱容器に，鉛直方向になめらかに動くふたをする．おもりをのせると大気圧の3倍の圧力が生じた．のせないときにくらべて気体の体積は何倍になるか．ただし温度は一定とし，ふたの質量は無視する．

【理想気体の状態方程式】 (6.15) 式と (6.17) 式で表される体積 V と温度 T および圧力 P の関係から，気体の体積 V は少なくとも温度 T に比例し，圧力 P に反比例することがわかる．

$$V = c' \frac{T}{P}$$

比例定数 c' は，

$$c' = nR$$

になることが知られている．したがって，

$$P = \frac{nRT}{V} \tag{6.18}$$

という関係がなりたつ．ここで，R は**気体定数**と呼ばれるつぎのような定数である．

$$R = 8.31451 (\mathrm{J/mol \cdot K})$$

また，n はモル数といい，物質の分量を表す基本単位 (mol) である．

1(mol) の気体は，温度が 0℃，圧力が $1.0131 \times 10^5 (\mathrm{N/m^2})$ (1気圧) のとき約 $2.24 \times 10^{-2} (\mathrm{m^3})$ の体積を占める．この体積をリットルで表すと 22.4 リットルで，だいたい家庭用の灯油ポリ容器の容積である．1 モルの気体には，原子番号 12 の炭素 0.012(kg) に含まれる原子の数 (N_A) と同じ数だけ分子が含まれる．

N_A は**アボガドロ定数**と呼ばれ，つぎのような値である．

$$N_\mathrm{A} = 6.0221367 \times 10^{23} (\mathrm{mol}^{-1})$$

つまり，1リットルの牛乳パック 22 本分の体積の気体には約 10^{23} 個の気体分子があることになる．

問 6.11 気体分子の数が 1.8×10^{24} 個だとすると，この気体は何モルか．

気体分子の数が N だとすると，上の説明からわかるように，

$$n = \frac{N}{N_\mathrm{A}}$$

という関係があるので，(6.18) 式はつぎのように表せる．

$$P = \frac{N}{N_\mathrm{A}} R \frac{T}{V}$$

ここで $R/N_\mathrm{A} = k$ と置くと，さらにつぎのように書き換えられる．

$$P = \frac{NkT}{V} \qquad (6.19)$$

(6.18) 式や (6.19) 式は，圧力が P，体積が V，温度が T の熱平衡状態にある気体の状態を表現する方程式である．気体に限らず，一般に物質の状態を表す方程式を**状態方程式**という．前に述べたように，これらの式は圧力が大きいときには，実際の空気に対して近似的になりたつ関係である．

(6.18) 式や (6.19) 式がなりたつような気体を**理想気体**という．そして，これらの式を**理想気体の状態方程式**という．また，(6.14) 式で定義した**気体温度計温度**は理想気体を使って定義した温度ということになる．

なお，物質の状態を特徴づける圧力 P，体積 V，温度 T などは**状態量**と呼ばれる．状態量というのは，時間がたっても物質の状態が変化しない熱平衡状態のときの物質の状態を表す物理量のことである．

定数 k の値は R と N_A から計算してみればわかるようにつぎのような値であり，**ボルツマン定数**と呼ばれる．

$$k = 1.380658 \times 10^{-23} (\mathrm{J/K})$$

6.3 気体の状態

♦**例題 6.2** 温度を一定に保ったまま，$0.2(\mathrm{m}^3)$ の気体の圧力を $1(\mathrm{Pa})$ から $4(\mathrm{Pa})$ にした．体積はいくらかになるか．

解答 気体を理想気体とみなし，理想気体の状態方程式に体積 V，圧力 P の値を代入する．圧力を変える前の状態方程式は，

$$1 = \frac{NkT}{0.2}, \qquad \therefore NkT = 0.2$$

圧力を変えた後の状態方程式にこの値を代入すると，

$$4 = \frac{NkT}{V} = \frac{0.2}{V}, \qquad \therefore V = \frac{0.2}{4} = 0.05(\mathrm{m}^3)$$

となる． ♦

問 6.12 $70(℃)$ の気体を，大気圧のもとで加熱したら体積が 1.2 倍になった．気体を理想気体とみなすと温度は何 ℃ になるか．

【**気体に対するその他の状態方程式**】 実際の気体の状態を，理想気体の状態方程式よりも正確に表す状態方程式に，つぎの**ファン・デル・ワールスの状態方程式**がある．

$$P = \frac{NkT}{V - \frac{N}{N_A}b} - \frac{(\frac{N}{N_A})^2 a}{V^2}$$

ここで，a, b は物質によって決まる定数である．分子論的には，分子間の相互作用を考慮したのがこの方程式であり，それを考慮していないのが理想気体の状態方程式である．ファン・デル・ワールスの状態方程式は気体から液体への状態変化も表現することができる．

【**温度と分子運動**】 (6.11) 式は気体の分子運動から調べた圧力 P である．言い換えれば，ミクロ(微視的)の立場から調べた結果である．それに対して状態方程式 (6.18) や (6.19) は実験で直接測定できる物理量の関係式で，P をマクロ(巨視的)の立場から表現したものである．これらの式は表現の立場は違うが，どちらも熱平衡状態にある気体の圧力 P を表したものである．したがって，どちらの式も正しいとするならば右辺どうしは等しくなるので，つぎの関係が得られる．

$$NkT = \frac{2}{3}N \cdot \frac{1}{2}mv^2$$

この式から温度 T について，つぎの関係式が導かれる．

$$\frac{1}{2}mv^2 = \frac{3}{2}kT \qquad (6.20)$$

すなわち，気体分子の平均の運動エネルギー $(1/2)mv^2$ は気体の熱力学的温度 T に比例する．すなわち，**ミクロの立場から見て気体分子が速い速さで飛び回っている運動エネルギーの大きな状態は，マクロに見て温度が高い状態**ということになる．このように，分子運動が温度に関係していることを**熱運動**という．また，$(3/2)kT$ を**熱運動のエネルギー**という．(6.20) 式は，気体に限らず物質のほかの状態についてもいえることである．

♦**例題 6.3** 20(℃) における水素分子の平均の速さを求めよ．水素の分子量は 2，ボルツマン定数は 1.38×10^{-23}(J/K)，アボガドロ数は 6.02×10^{23} とする．

解答 (6.20) 式を以下のように書き換えて，速さを求める式が得られる．

$$v^2 = \frac{3kT}{m}, \qquad \therefore v = \sqrt{\frac{3kT}{m}}$$

さて，1(mol) の質量を g 単位で表した数値が分子量であるから，水素分子 1 個の質量はつぎのように計算する．

$$m = \frac{2 \times 10^{-3}}{6.02 \times 10^{23}} = \frac{2}{6.02} \times 10^{-26} \fallingdotseq 3.32 \times 10^{-27} (\text{kg})$$

また，$T = 20 + 273.15 = 293.15$(K) であるから，この値と m, k の値を用いて v を求めるとつぎのようになる．

$$v = \sqrt{\frac{3 \times 1.38 \times 10^{-23} \times 293.15}{3.32 \times 10^{-27}}} = \sqrt{\frac{3 \times 1.38 \times 293.15}{3.32} \times 10^4}$$
$$\fallingdotseq 1.91 \times 10^3 (\text{m/s})$$

この計算によると，20(℃) の水素分子は平均約 2000(m/s) の速さで飛び回っていることになる．　　　　　　　　　　　　　　　　　　　　　　　　　　　　　　♦

問 6.13　20(℃) における酸素分子の平均の速さを求めよ．酸素の分子量は 32 とする．

演習問題 6

1. 質量が 60(kg) の人，2×10^4(kg) の飛行機，そして 5×10^{-26}(kg) の分子の速さが，それぞれ 1(m/s)，1080(km/h)，800(m/s) だとする．これらの運動エネルギーを求めよ．

演習問題6

2. 床から測って1(m)の高さから質量200(g)のボールを静かに落としたら，床と衝突したあとボールは50(cm)の高さまではね返った．衝突のあとボールの運動エネルギーはどれだけ変化したか．

3. 鉛直方向に運動する気体分子が1個入った円筒形の容器がある．この容器に，鉛直方向になめらかに動くふたをして分子を閉じ込めた．ふたは，はじめ容器の底から0.1(m)の位置にあった．容器に外部からかかる圧力が一定の状態で，分子の速さが1000(m/s)から2000(m/s)に増えたとき，ふたの位置を求めよ．ただし，分子は壁と弾性衝突する．

4. $m = 4.14 \times 10^{-27}$(kg)の気体分子が平均3000(m/s)で運動している．気体の温度が何℃か推定せよ．ただし，ボルツマン定数は1.38×10^{-23}(J/K)とする．

5. 人の体は分子からできている．これら分子の運動と温度との関係も気体分子の場合と同じだとする．風邪をひいて体温が上昇すると気分が悪くなる理由を考えよ．

6. 電子レンジはマイクロ波と呼ばれる高周波数電磁波を発生し，振動する電場をつくりだす．分子には電荷が含まれるので，電場から電気力を及ぼされて振動する．食品に多く含まれる水分子は特に振動しやすい．電子レンジで食品が加熱される仕組みを考えよ．

7. 27(℃)の酸素0.64(kg)を，圧力が1.5×10^5(Pa)になるように容器に閉じ込めたい．容器の体積をいくらにしたらよいか．酸素を理想気体とみなし，気体定数を8.31(J/mol·K)として求めよ．ただし，酸素の分子量は32である．

第7章　物質と法則

　自動車やエアコン，冷蔵庫は，気体の膨張や液体の気化・液化を利用した機械である．これらの機械に使われる物質は，熱を吸収したり放出したりすることでいろいろなはたらきをする．物質と熱を利用する機械は，熱機関と呼ばれる．熱機関は，物質と熱と仕事の間になりたつ自然法則を利用している．この自然法則は，熱力学第1法則および第2法則という．

　産業革命以来，熱機関の効率を向上するためにいろいろな改良がほどこされてきた．クラウジウスが考え出したエントロピーという物理量は熱機関の効率を考える上で有効であるが，ほとんどの自然現象にみられる不可逆現象を理解する上でも欠かすことができない．ここでは，熱に関係する法則について考えよう．

7.1　仕事と熱

【熱と温度】　水を入れたやかんをガスコンロにのせて加熱すると，水の温度は上昇する．このときガスコンロから水に熱が移動する．移動した熱量を $Q(\mathrm{cal})$，水温の上昇を $\Delta T(\mathrm{K})$ とすると，これらの間につぎの関係がなりたつ．

$$Q = cm\Delta T \tag{7.1}$$

ここで，$m(\mathrm{g})$ は水の質量で，$c(\mathrm{cal/g \cdot K})$ は**比熱**である．

問 7.1　水 $400(\mathrm{g})$ を熱して $15(℃)$ から $95(℃)$ にした．水が吸収した熱量を求めよ．水の比熱は $1(\mathrm{cal/g \cdot K})$ とする．

【ジュールの実験】　台所にあるミキサーで水をかき混ぜると水温は上昇する．図 7.1 は台所のミキサーではないが，マグネチックスターラーという装置を使っ

7.1 仕事と熱

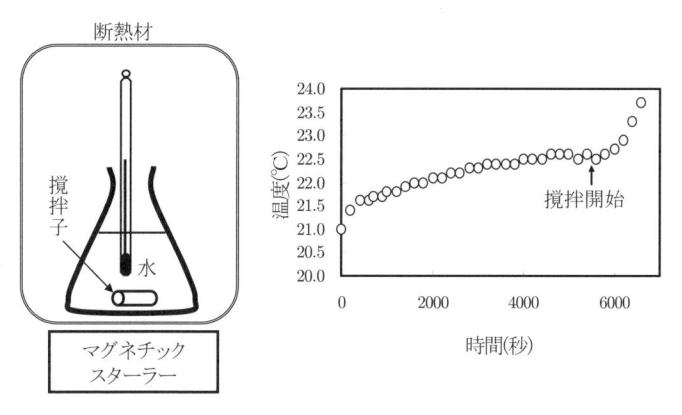

図 7.1 フラスコ内の水をかき混ぜる（左）．水温と時間の関係（右）

て，フラスコの中の水を磁石の撹拌子でかき混ぜたときの温度と時間の測定結果である．

水道から出してフラスコに入れた水を室温に放置すると，少しずつだが温度が上昇し室温に近づく．そしてしばらくすると，温度はあまり変わらなくなる．つまり，ほぼ熱平衡状態になったわけである．ここで，水をかき混ぜると水温が上がる．グラフ内の「撹拌開始」と書いた矢印のところである．このとき回転する撹拌子は水に対して仕事をしたことになるから，仕事と水温の上昇には何か関係があることが予想できる．

1843年にJ.P.ジュールは，図7.2のような実験を行った．これは，おもりを落下させて撹拌棒を回転し，かき混ぜられた水の温度の変化を測定する実験である．この実験から，かき混ぜるという力学的仕事が，熱の吸収と同じように水温を上昇させることがわかった．つまり，力学的仕事と熱が，どちらも水温を上昇させるということが発見されたのである．力学的仕事と熱の変換レート

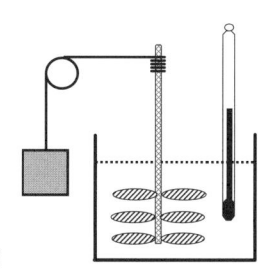

図 7.2 ジュールの実験

J は**熱の仕事当量**といい，つぎの値である．

$$J = \frac{W(\mathrm{J})}{Q(\mathrm{cal})} = 4.1855 (\mathrm{J/cal})$$

【仕事と温度】 図 7.2 で，おもりの重さを $M(\mathrm{kg})$，おもりが鉛直方向に落下した距離を $h(\mathrm{m})$ としよう．このとき，おもりが水に対してした仕事の大きさ $W(\mathrm{J})$ は，

$$W = Mgh (\mathrm{J})$$

である．この仕事によって水温が $\Delta T(\mathrm{K})$ 上昇したとすると，仕事 $W(\mathrm{J})$ はつぎの熱 $Q(\mathrm{cal})$

$$Q(\mathrm{cal}) = \frac{W(\mathrm{J})}{J(\mathrm{J/cal})}$$

と同等な役割を果たしたことになる．したがって，水の質量を $m(\mathrm{kg})$，比熱を $c(\mathrm{cal/g \cdot K})$ とすると，つぎのように水温の上昇が推定できる．

$$cm\Delta T = \frac{Mgh}{J}, \qquad \therefore \Delta T = \frac{Mgh}{Jcm} \tag{7.2}$$

♦**例題 7.1** 図 7.2 の実験で，3.0(kg) のおもりを 10(m) 落下させた．おもりがした仕事がすべて水温の上昇に使われたとすると，1.5(kg) の水の温度は何度上昇するか．ただし，水の比熱は 1(cal/g·K)，重力加速度は 9.8(m/s^2)，熱の仕事当量は 4.19(J/cal) とする．また，水槽の水に熱の出入りはないとする．

解答 M=3.0(kg)，h=10(m)，m=1500(g) であるから，これらの数値を (7.2) 式に代入すると，つぎのように温度上昇が求まる．

$$\Delta T = \frac{Mgh}{Jcm} = \frac{3.0 \times 9.8 \times 10}{4.19 \times 1 \times 1500} = \frac{294}{6285} \fallingdotseq 0.047 (\mathrm{K}) \qquad ♦$$

問 7.2 水 1(kg) を撹拌棒でかき混ぜた．水がされた仕事の大きさが 1500(J) だとすると，水温は何度上昇するか．水の比熱を 1(cal/g·K) とする．

【分子の運動エネルギーと熱・仕事】 ここまで考えたことからわかるように，水に熱を移したり水に仕事をしたりすると，水の温度が上昇する．これは水に限らず，ほかの液体や気体にもあてはまる．

第 6 章 6.3 節の (6.20) 式からわかるように，気体の温度は分子の平均運動エネルギーに比例する．

$$T = \frac{2}{3} \cdot \frac{1}{k} \cdot \frac{1}{2} m v^2 \tag{7.3}$$

したがって，気体の温度変化 ΔT は平均運動エネルギー $(1/2)mv^2$ が変化するために生じる．

$$\Delta T = \frac{2}{3} \cdot \frac{1}{k} \cdot \Delta \left(\frac{1}{2}mv^2\right) \tag{7.4}$$

ここで，$\Delta((1/2)mv^2)$ は平均運動エネルギーの変化である．気体に限らず，分子の運動エネルギーは温度 T に比例することが知られている．

　水をかき混ぜて仕事をすると水温が上昇するが，**仕事によって熱が発生する**わけではない．水をかき混ぜたりして仕事をすると水分子の平均運動エネルギーが増大するので，温度が上昇するのである．熱も仕事も，物質の分子運動を変化させるような**エネルギーの移動形態**である．

【内部エネルギー】　水や空気など物質に仕事をすると分子の運動エネルギーが増大し，物質の温度が上昇する．分子の運動エネルギーに関係した状態量を内部エネルギーという．

　地球を周回するスペースシャトルを物質にたとえて内部エネルギーを説明しよう．スペースシャトルは，速度に関係した運動エネルギーと地球からの距離に関係した位置エネルギーを足し合わせた力学的エネルギーをもっている．このときの位置エネルギーは万有引力によって生じる．これらのエネルギーは，スペースシャトル本体や燃料および乗組員を含めた質量に関係する．しかし，スペースシャトルの内部に目を向けるともう少し違った力学的エネルギーがあることに気がつく．それは，スペースシャトル内部で活動している宇宙飛行士の力学的エネルギーである．

　スペースシャトルの中で動く宇宙飛行士は運動エネルギーをもつ．もしも，2人の宇宙飛行士がゴムひもで綱引きをすれば，ゴムひもによる位置エネルギーも生じる．ただし，宇宙飛行士どうしの万有引力による位置エネルギーは非常に小さいので，考えなくてもいいだろう．これらのエネルギーはスペースシャトルが運動しているか静止しているかには無関係である．宇宙飛行士たちは物

図 **7.3**　内部エネルギーをスペースシャトルで考えてみよう

質を構成する分子に相当し，飛行士たちの力学的エネルギーの合計が内部エネルギーに相当する．

つまり，**内部エネルギー**とは，静止している物質が内部に蓄えているエネルギーのことである．

【熱力学第 1 法則】 理想気体では分子間の位置エネルギーがない．そのため，理想気体の内部エネルギーは分子の運動エネルギーの総和になる．分子の平均運動エネルギーを $(1/2)mv^2$，分子の数を N とすると，理想気体の内部エネルギー U(J) はつぎのようになる．

$$U = \frac{1}{2}mv^2 \cdot N \tag{7.5}$$

気体分子の運動エネルギーが変化すると，(7.4) 式からわかるように温度が変化する．したがって，温度が変化すると内部エネルギーも変化する．

$$\Delta U = N\Delta(\frac{1}{2}mv^2) = \frac{3}{2}Nk\Delta T \tag{7.6}$$

気体分子の運動エネルギーは，気体に圧力を加えて仕事をしたり，気体がほかの物質から熱を吸収すると増大する．このことから，理想気体の内部エネルギーは仕事 W(J) と熱 Q(cal) によって変化することがわかる．

内部エネルギーの変化を ΔU(J) とすると，この関係はつぎの式で表される．

$$\Delta U = JQ + W \tag{7.7}$$

(7.7) 式は理想気体に限らずすべての物質についてなりたつ．これを**熱力学第 1 法則**という．

♦**例題 7.2** 15(℃) の水 500(g) をなべに入れ，電気コンロで熱しながら撹拌棒でかき混ぜた．電気コンロから水が受け取った熱量が 800(cal)，水がされた仕事の大きさが 836(J) だとする．水の内部エネルギーはいくら増えたか．

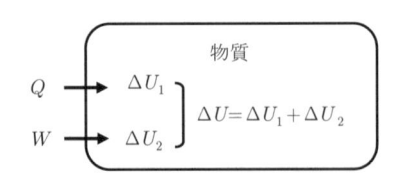

図 7.4 熱と仕事で内部エネルギーが変化する

またこのとき，水温は何℃になるか．ただし，水の比熱は 1(cal/g·K)，熱の仕事当量は 4.19(J/cal) とする．

解答 熱を吸収したことによる水の内部エネルギーの増加 ΔU_1 は，

$$\Delta U_1 = JQ = 4.19(\text{J/cal}) \times 800(\text{cal}) = 3352(\text{J})$$

である．一方，仕事による内部エネルギーの増加 ΔU_2 は，

$$\Delta U_2 = W = 836(\text{J})$$

である．したがって，水の内部エネルギーの増加 ΔU は，

$$\Delta U = \Delta U_1 + \Delta U_2 = 3352 + 836 = 4188(\text{J})$$

になる．仮に内部エネルギーの増大がすべて熱によって生じたと考えれば，(7.1)式より $\Delta U = Jcm\Delta T$ であるから，

$$\Delta T = \frac{\Delta U}{Jcm} = \frac{4188}{4.19 \times 1 \times 500} \fallingdotseq 2.0(\text{K})$$

となる．すなわち，水温は 2(K) 上昇するので，17(℃) になる． ♦

問 7.3 ゴムボールを，ある高さから机の上に落としたら，はじめの高さの近くまで跳ね上がった．一方，粘土のかたまりを同じ高さから机の上に落としたらまったく跳ね上がらなかった．ゴムボールの位置エネルギーはほとんど減らなかったのに，粘土の位置エネルギーはなくなった．粘土の位置エネルギーはどうなったか説明せよ．

【熱と仕事は状態量ではない】 熱力学第 1 法則について注意してもらいたいことがある．それは，内部エネルギー U は状態量であるが，熱 Q，仕事 W は状態量ではないということである．物質をある内部エネルギーの状態にするとしよう．熱 Q だけ与えて仕事 W はしなくてもいいし，反対に，熱 Q の出入りなしで仕事 W をするだけでもそのような状態にできる．つまり熱力学第 1 法則の式で，右辺の $JQ + W$ は**エネルギーの移動形式**を表しており，左辺の ΔU は**その結果変化した物質のエネルギー**を表している．

たとえで説明しよう．内部エネルギー ΔU が，ある会社が販売した商品の代金だとする．このとき，熱 Q や仕事 W は入金の手数料も含めた買い手の出費のようなものである．買い手が商品の代金を直接会社に支払えば無駄な出費はない．しかし，会社の銀行口座に振り込めば手数料分だけ余分に出費する．こ

の余分な出費は現金書留で送った場合とはことなる．いずれにしても，商品を販売した会社は同じ代金を受けとることになる．

問 7.4 ある学生の月末の財布の中には，今月も先月も 100 円だけ残っていた．この学生の毎月の収入は，毎月同じ金額の奨学金と，働いた時間しだいで毎月変わるアルバイトの給料だけだったとする．内部エネルギーなどの状態量と熱や仕事などの状態量でないものを，財布の中の金額や収入，支出金額にたとえて説明せよ．

7.2 物質に仕事をさせる

18 世紀から 19 世紀にかけて進行した産業革命の間に，気体など物質を利用して動力を生み出す試みが数多く行われ，その中からニューコメンやワットの蒸気機関，スターリングの熱空気機関などが誕生した．これらの動力機械は，大気圧や空気の熱膨張を利用して動力を生み出す試みだった．熱機関の原理を調べると熱に関する法則が明らかになる．

【熱機関は熱を浪費する】 図 7.5 の A に示したように，針をはずした大きな注射器に気体を密封して鉄板の上に置く．このとき鉄板と注射器内の気体の温度は同じで，気体は熱平衡状態だとする．この注射器を利用して気体に仕事をさせる熱機関を考えてみよう．

図 7.5 の B のように鉄板を下からバーナーで加熱して温度が一定になるようにした．鉄板の温度は気体の温度より高くなるので，鉄板から注射器内の気体に熱が移動する．つまり**熱伝導**が生じ，注射器内の気体は鉄板から $Q(\mathrm{cal})$ の熱を吸収する．熱力学第 1 法則によると，吸収した熱によってつぎの $\Delta U_1 (\mathrm{J})$ だ

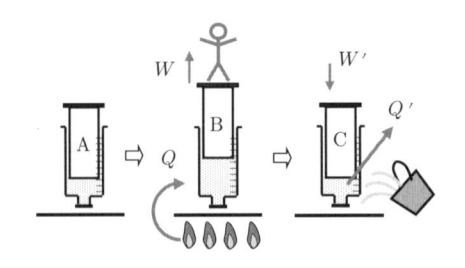

図 7.5 気体を使って仕事をする

け気体の内部エネルギーが増大する．

$$\Delta U_1 = JQ$$

また，気体が膨張してピストンを持ち上げると気体は仕事 W をすることになる．気体が仕事をすると，熱力学第 1 法則により気体の内部エネルギーは減少する．

内部エネルギーの減少量を $\Delta U_2 (\mathrm{J})$ とすると，

$$\Delta U_2 = W$$

という関係がなりたつ．このとき，もしも $\Delta U_1 = \Delta U_2$ という関係がなりたつならば，気体が吸収した熱 $Q (\mathrm{cal})$ がすべて仕事 $W (\mathrm{J})$ に変換されたことになる．しかし，この場合にはそうならない．Bの状態になるとき，気体は外へ仕事 $W (\mathrm{J})$ をするとともに気体自身の温度が上昇し，内部エネルギーが増大する．すなわち，仕事によって減少する $\Delta U_2 (\mathrm{J})$ 以上の熱が供給される．

AとBの温度差に相当する内部エネルギーの増分を $h (\mathrm{J})$ とすると，つぎの関係がなりたつ．

$$h = \Delta U_1 - \Delta U_2 = JQ - W$$

注射器が繰り返し仕事をするにはピストンをはじめの高さまで下げなければならない．そこで図 7.5 の C のように，バーナーの火を消してから注射器に水をかけて気体を冷やし，気体の温度，体積，圧力，内部エネルギーなどの状態量をはじめの値にもどす．このように，物質が仕事をしてはじめの状態にもどる過程を**サイクル**という．

内部エネルギーがもとの値にもどるので，気体は $h (\mathrm{J})$ だけ内部エネルギーを失うことになる．この過程で気体は熱量を放出する．また，大気圧とそれ自体の重力でピストンが下がるので気体は外部から仕事をされたことになる．放出した熱量を $Q' (\mathrm{cal})$，気体がされた仕事の大きさを $W' (\mathrm{J})$ とすると，熱力学第 1 法則より，

$$h = JQ' - W'$$

である．こうして気体は A の状態にもどる．

このような熱機関では，サイクルを 1 回行う間に，

$$w = W - W'$$

```
         ┌─────────────┐
         │ JQ = h + W  │
         └──────┬──────┘
                ↓
         ┌──────────┐
         │   気体   │──→ w = W − W′
         └──────┬───┘
                ↓
         ┌──────────────────┐
         │ JQ′ = h + W − w  │
         └──────────────────┘
```

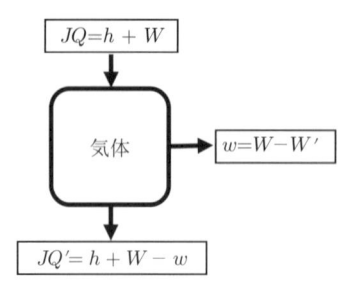

図 7.6　無駄があるサイクル

だけ仕事をするが，内部エネルギー h(J) に相当する熱を外部から吸収し，そのまま外部へ捨てていることになる．この関係は，JQ と JQ' を h, W, w で表すともっとはっきりする．

$$JQ = h + W$$
$$JQ' = h + W' = h + W - w$$

また，このサイクルを図式化すると図 7.6 のようになる．

問 7.5　20(℃) の理想気体 1(mol) を熱して 120(℃) にした．温度の上昇による内部エネルギーの増加量を求めよ．

【無駄のない熱機関】　現実の熱機関はこのようにエネルギーを無駄に消費する．その原因は，注射器内の気体を加熱するときの熱伝導である．言い換えれば，図 7.5 の B のように鉄板と気体の間に温度差があるために，どうしても気体の温度を上げるための熱量 h/J(cal) が必要なのである．では，h をなくすような熱機関は考えられるだろうか．すなわち，図 7.7 のようなサイクルを行う熱機関である．

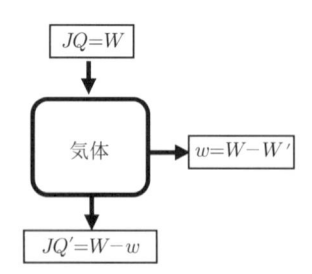

```
         ┌─────────┐
         │ JQ = W  │
         └────┬────┘
              ↓
         ┌──────────┐
         │   気体   │──→ w = W − W′
         └────┬─────┘
              ↓
         ┌──────────────┐
         │ JQ′ = W − w  │
         └──────────────┘
```

図 7.7　無駄のないサイクル

7.2 物質に仕事をさせる

このような理想的なサイクルのことを**カルノーサイクル**と呼んでいる．カルノーサイクルでは，熱伝導を生じないように気体の状態を限りなく**ゆっくり**変化させる．限りなくゆっくりした変化の途中では，常に熱平衡に近い状態が保たれている．このように物質が熱平衡状態を保ちながらゆっくり変化することを**準静的な過程**という．

【**カルノーサイクル**】　図 7.8 を見ながらカルノーサイクルを説明しよう．まず，注射器の中に理想気体を閉じ込めておく．この気体は外から熱を受け取って，外に仕事をする仲介役をするだけなので**作業物質**と呼ばれる．さて，はじめ気体の温度が θ（℃）だったとする（A）．

等温膨張

この注射器を同じ温度 θ（℃）の**熱源**に接触させる（B）．熱源とは注射器にくらべて非常に大きな鉄のかたまりのようなもので，外部に熱を出してもそれ自体の温度が変わらないもののことをいう．ふつうの熱機関では気体の温度が熱源の温度とことなるので，この温度差を解消しようとして熱伝導による熱の移動が生じる．しかしここでは，気体と熱源の温度が同じなので無駄な熱の移動は生じない．

さて，このように注射器を熱源に接触させた状態で**ゆっくり**ピストンを引きぬいていく（B）．これは準静的な過程である．ピストンを引きぬいていくので気体は外に向かって仕事をすることになる．熱力学第 1 法則によると，仕事に相当する分だけ内部エネルギーが減ることになるが，準静的な過程ではこの変化は限りなくゆっくり進み，内部エネルギーの変化は限りなく小さい．したがって，温度の変化も限りなく小さく，温度が一定のまま気体の体積が増えること

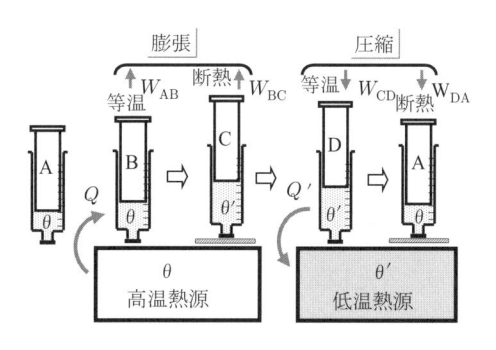

図 7.8　カルノーサイクル

になる．すなわち等温膨張である．

　作業物質の内部エネルギーは変化しないので，等温膨張の過程で，気体が外にした仕事に見合うだけの熱が熱源から気体に供給されることになる．この間に気体が外部にした仕事の大きさを W_{AB}(J) とし，等温膨張過程で気体が熱源から受け取った熱量を Q(cal) とすると，

$$W_{AB} = JQ \tag{7.8}$$

となる．

断熱膨張

　サイクルを完成して繰り返し仕事を取り出すためには気体の体積をもとにもどさなければならない．しかし，体積をもどすためにこのままの状態で温度の低い熱源に接触させると熱伝導が生じ，無駄に熱を捨てることになる．これをさけるために，低温熱源に接触させる前に気体の温度を下げておく．すなわち，注射器の熱源と接触していた部分を断熱材でおおい，外から熱が入らないようにして**ゆっくりピストンを引きぬく**(C)．ピストンを速く引きぬくと気体内部に圧力差を生じるため，気体に対して余分な仕事をすることになる．ピストンをゆっくり引きぬくこの過程は準静的な断熱膨張である．ピストンを引きぬくと気体の内部エネルギーが減少し温度が下がるが，低温熱源の温度 θ' (℃)になったところで断熱膨張を終了する．

　この間に気体が外部にした仕事の大きさを W_{BC}(J) とし，内部エネルギーの減少量を ΔU_{BC}(J) とすると，

$$W_{BC} = \Delta U_{BC} \tag{7.9}$$

となる．

　等温膨張と断熱膨張でカルノーサイクルの膨張過程が終了する．

等温圧縮

　θ' (℃)になった気体が入った注射器を，接触部分の断熱材をとってから同じ温度 θ' (℃)の熱源に接触させ，ピストンを**ゆっくり押し下げる**．ピストンを下げると気体の体積が減少し，外から仕事をしたことになる．ここでは，上で説明した等温膨張とまったく逆に気体の内部エネルギーや温度を一定に保ってピストンを下げる．そうすると，気体から低温熱源に熱が移る．気体がはじめの状態 A の体積にもどる前にこの過程を終了する．

この過程で気体がされた仕事量を $W_{\mathrm{CD}}(\mathrm{J})$ とし,気体から低温熱源に移った熱量を $Q'(\mathrm{cal})$ とすると,

$$W_{\mathrm{CD}} = JQ' \tag{7.10}$$

となる.

断熱圧縮

等温圧縮後の状態では気体の温度が状態 A よりも低いので,そのままつぎの膨張に移ると高温熱源とそれより温度の低い気体の間で温度差にともなう熱伝導が起こる.そこで,気体の温度がはじめの温度 $\theta(℃)$ にもどるまで断熱膨張とまったく逆の圧縮過程を行う.このときもピストンは**ゆっくり**と押し下げる.もしピストンを速く下げると気体の一部で圧力が高くなって気体内部に圧力差が生じ,余分な仕事をすることになる.

この過程で気体がされた仕事量を $W_{\mathrm{DA}}(\mathrm{J})$ とし,内部エネルギーの減少量を $\Delta U_{\mathrm{DA}}(\mathrm{J})$ とすると,

$$W_{\mathrm{DA}} = \Delta U_{\mathrm{DA}} \tag{7.11}$$

となる.

等温圧縮と断熱圧縮で圧縮過程が終了し,カルノーサイクルの1回のサイクルも終わる.(7.8), (7.10) 式からわかるように,カルノーサイクルでは仕事と無関係に作業物質を温めたり冷ましたりするような,無駄な熱の移動が生じない.

【カルノーサイクルの仕事と熱】 断熱膨張による気体の温度降下と断熱圧縮による温度上昇はいずれも $\theta - \theta'$ で等しいから,それらの過程における内部エネルギーの増減も同じ大きさである.したがって,

$$W_{\mathrm{BC}} = \Delta U_{\mathrm{BC}} = \Delta U_{\mathrm{DA}} = W_{\mathrm{DA}} \tag{7.12}$$

という関係がなりたつ.

カルノーサイクルを1回行うとき膨張過程で気体が外に向かってする仕事の大きさは $W_{\mathrm{AB}} + W_{\mathrm{BC}}$ であり,圧縮過程で外からされる仕事の大きさは $W_{\mathrm{CD}} + W_{\mathrm{DA}}$ である.したがって,1回のサイクルで外にする仕事の大きさ $w(\mathrm{J})$ は,

$$w = W_{\mathrm{AB}} + W_{\mathrm{BC}} - W_{\mathrm{CD}} - W_{\mathrm{DA}}$$

であるが,(7.12) 式より

$$w = W_{\mathrm{AB}} - W_{\mathrm{CD}}$$

となる．つまり 2 つの断熱過程における仕事 W_{BC} と W_{DA} は，カルノーサイクルで取り出される仕事には関係しない．断熱過程は気体が熱源と接触するときに生じる熱伝導の問題を解決する工夫なのである．また 2 つの等温過程では，熱と仕事が気体を素通りして互いに変換される．熱源とやり取りする熱量 Q と Q' は，作業物質が理想気体かどうかには関係なく熱源の温度 θ と θ' だけで決まることが知られている．作業物質は気体であればふつうの空気でもいいし，水蒸気やアルコールの気体でもいいのである．

7.3 熱効率とエントロピー

【**熱効率**】 熱をどれだけ効果的に仕事として取り出せるかを数値化するものが**熱効率**であり，つぎの式で定義される．

$$\eta = \frac{w}{JQ} \tag{7.13}$$

w : 1 回のサイクルで外にする仕事の大きさ

Q : 1 回のサイクルで高温熱源から作業物質に移る熱量

ところで，サイクルを行うごとに作業物質の内部エネルギー $U(\text{J})$ はもとの値にもどる．したがって，1 回のサイクルで作業物質が外に放出する熱量を $Q'(\text{cal})$ とすると，熱力学第 1 法則 (7.7) より，

$$\Delta U = JQ - JQ' - w = 0, \qquad \therefore w = JQ - JQ' \tag{7.14}$$

という関係が得られる．そうすると，熱効率はつぎのように表すこともできる．

$$\eta = \frac{JQ - JQ'}{JQ} = 1 - \frac{Q'}{Q} \tag{7.15}$$

カルノーサイクルでは Q と Q' が熱源の温度 θ と θ' だけで決まるので，熱効率も熱源の温度だけで決まる[*]．そこで，高温熱源と低温熱源の温度 θ, θ' の適当な関数 $k(\theta, \theta')$ をもちいると，カルノーサイクルの熱効率 η_c はつぎのように表される．

$$\eta_c = 1 - \frac{Q'}{Q} = k(\theta, \theta') \tag{7.16}$$

---

[*] これをカルノーの定理という．

7.3 熱効率とエントロピー

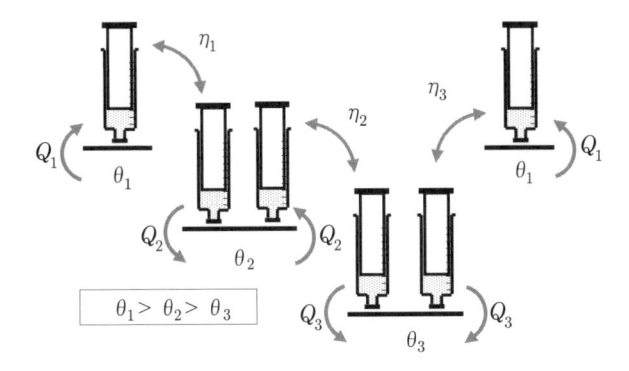

図 7.9 3つの熱源を使って3つのカルノーサイクルを動かす

第6章 6.3 節で，理想気体を使って気体温度計温度を定義した．しかしカルノーサイクルを使うと，特定の物質を使わないで温度を定義することができる．

【熱力学的温度】 図 7.9 のように，温度がことなる3つの熱源を使ってカルノーサイクルを3つ動かすことにしよう．3つの熱源の温度 $\theta_1, \theta_2, \theta_3$ は $\theta_1 > \theta_2 > \theta_3$ という関係である．(7.16) 式から，$1 - \eta_c$ も高温熱源と低温熱源の2つの温度の関数になる．この関数を $f(\theta, \theta')$ と書くことにしよう．$f(\theta, \theta')$ は高温熱源からもらう熱に対する捨てられる熱の割合であるから，いわば「非効率」とでもいうものである．3つのカルノーサイクルの熱効率を η_1, η_2, η_3 とすると，これらに対する「非効率」関数 f はつぎのように表せる．

$$1 - \eta_1 = \frac{Q_2}{Q_1} = f(\theta_1, \theta_2) \tag{7.17}$$

$$1 - \eta_2 = \frac{Q_3}{Q_2} = f(\theta_2, \theta_3) \tag{7.18}$$

$$1 - \eta_3 = \frac{Q_3}{Q_1} = f(\theta_1, \theta_3) \tag{7.19}$$

(7.19) 式を (7.17) 式で割って $f(\theta_1, \theta_2)$ に対する $f(\theta_1, \theta_3)$ の比を求めると，

$$\frac{f(\theta_1, \theta_3)}{f(\theta_1, \theta_2)} = \frac{\frac{Q_3}{Q_1}}{\frac{Q_2}{Q_1}} = \frac{Q_3}{Q_2} = f(\theta_2, \theta_3) \tag{7.20}$$

となる．この式の第1辺と第4辺を比較すると，$f(\theta_1, \theta_3)/f(\theta_1, \theta_2)$ は θ_1 と無関係であることがわかる．

そこで，(7.20) 式の第 1 辺を $T(\theta_3)/T(\theta_2)$ と書くと，つぎの関係が得られる．

$$\frac{Q_3}{Q_2} = \frac{T(\theta_3)}{T(\theta_2)}$$

温度 θ の高温熱源から $Q(\mathrm{cal})$ の熱をもらい，温度 θ' の低温熱源に $Q'(\mathrm{cal})$ の熱を放出するカルノーサイクルについて，この関係を書きなおすとつぎのようになる．

$$\frac{Q'}{Q} = \frac{T(\theta')}{T(\theta)} \tag{7.21}$$

ここで導入した経験温度 $\theta(\mathrm{℃})$ の関数 T を**熱力学的温度**という．単位は K で，**ケルビン**と読む．

【熱力学的温度の値の範囲】　熱力学的温度はどんな範囲の数値になるか考えてみよう．経験温度 $\theta(\mathrm{℃})$ の高温熱源から吸収する熱 Q は，仕事 w と $\theta'\,\mathrm{℃}$ の低温熱源に放出する熱 Q' に分かれるから，

$$JQ = w + JQ' > JQ' > 0$$

という関係になっている．そうすると，(7.21) 式から，

$$0 < \frac{Q'}{Q} = \frac{T(\theta')}{T(\theta)} < 1$$

という関係がなりたつ．ところで，$T(\theta)$ は高温熱源の温度，$T(\theta')$ は低温熱源の温度であるから，これらの大小関係は

$$T(\theta) > T(\theta') > 0$$

となる．すなわち，経験温度 θ のどんな値についても

$$T(\theta) > 0$$

であり，熱力学的温度は $0(\mathrm{K})$ よりも大きな値しかとれないことがわかる．このように，熱力学的温度にはそれ以上は小さくならない極限の値があるので**絶対温度**ともいう．アルコールや気体など特定の物質を使うと，温度の目盛りはそれぞれことなる．それに対して，熱力学的温度はカルノーサイクルを使って決めた温度なので，物質の種類によって変わる心配のない温度である．

理想気体を作業物質に使って熱力学的温度を求めると (6.14) 式と同じ関係が得られ，熱力学的温度と第 6 章 6.3 節で出てきた気体温度計温度は一致することがわかる．

【カルノーサイクルの熱効率】 カルノーサイクルの熱効率 η_c を絶対温度を使って表そう．$T(\theta) = T$，$T(\theta') = T'$ と書くことにして (7.21) 式を用いると，(7.15) 式よりカルノーサイクルの熱効率はつぎのようになる．

$$\eta_c = 1 - \frac{Q'}{Q} = 1 - \frac{T'}{T} = \frac{T - T'}{T} \tag{7.22}$$

すなわち，カルノーサイクルの熱効率は高温熱源と低温熱源の絶対温度だけで決まる．(7.22) 式を見ると，高温熱源にはできるだけ温度の高いものを用い低温熱源にはできるだけ温度の低いものを用いれば，カルノーサイクルの熱効率は大きくなることがわかる．

問 7.6 20(℃) の水と 65(℃) のお湯を熱源にしてカルノーサイクルを動かした場合と，−20(℃) の大気と 25(℃) の室内を熱源にした場合とでは，カルノーサイクルの熱効率はどちらが大きいか．

カルノーサイクルとはあくまでも理想的なサイクルのことである．実際のサイクルを行う熱機関の運転には，7.2 節の図 7.6 のところで説明したように無駄な熱 $h/J(\mathrm{cal})$ の出入りがともなう．そのために，**実際の熱機関の熱効率はカルノーサイクルの熱効率よりも小さくなる．**

問 7.7 高温と低温の 2 つの熱源を使ってカルノーサイクルを動かしたとき，作業物質が高温熱源からもらう熱量が 50(kcal) で，外にした仕事の大きさが $1.5 \times 10^5 (\mathrm{J})$ だったとする．同じ熱源を使ってある熱機関を運転したら，同じだけ仕事をするのに 12(kcal) 余分に高温熱源から熱を供給した．この熱機関とカルノーサイクルの熱効率を求めよ．

【熱力学第 2 法則と第 2 種永久機関】 無駄のない理想的な熱機関はカルノーサイクルを行う熱機関である．しかしそのカルノーサイクルでも，作業物質をもとの状態にもどすために低温熱源に $Q'(\mathrm{cal})$ の熱を捨てる．これからわかるように，サイクルについてつぎのトムソンの原理がなりたつ．

> **トムソンの原理** 熱源から作業物質に移動した熱を，100%仕事にかえるようなサイクルはつくれない．(熱効率100%の熱機関はつくれない．)

トムソンの原理が否定しているサイクルを行う熱機関のことを**第2種永久機関**という．第2種永久機関がつくれない理由をもう少し考えてみよう．

図7.10に示したように，温度T(K)の高温熱源とT'(K)の低温熱源を使って気体を閉じ込めた注射器熱機関を運転する．まず図のAのように，高温熱源から熱量Q(cal)をもらって外へ仕事$W = JQ$(J)をする．つぎに，図のBのように低温熱源に熱量Q'(cal)を放出して気体の状態をもとにもどす．このときは外から仕事$W' = JQ'$(J)をされたことになる．このとき，注射器熱機関が外にする仕事w(J)は，

$$w = W - W' = JQ - JQ' < JQ \text{（高温熱源からもらった熱）}$$

となって，高温熱源からもらった熱量よりも小さな仕事しか取り出せない．

では永久機関をつくるにはどうしたらよいだろう．そのためにはもう一つ特別な熱機関を用意して，注射器熱機関と同じ熱源の間で図7.10のC，Dの動作を行わせればよい．この熱機関は，Cの状態で低温熱源から熱量Q'(cal)をもらいDの状態で高温熱源に同じ熱量Q'(cal)を放出するが，仕事はしないというものである．このような熱機関を上の注射器熱機関と組み合わせると，結果的に高温熱源から注射器熱機関へ$Q - Q'$(cal)の熱量が移り，それがそのまま

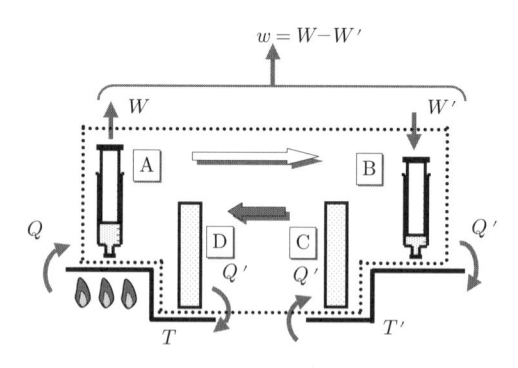

図7.10 注射器熱機関(A → B)に，熱を移動するだけで仕事をしない熱機関(C → D)を組み合わせる

全部仕事 w(J) として使われたことになる．したがって，

$$w = J(Q - Q')\text{（高温熱源からもらった熱）}$$

となり，高温熱源と低温熱源を使っていながら低温熱源には熱を放出しない第2種永久機関がつくれることになる．しかし，このような熱機関はつくれないのである．

この熱機関の作業物質の温度が低温熱源よりも低いとすれば，図 7.10 の C で温度 T'(K) の熱源から作業物質に熱量 Q'(cal) が移るのは自然である．もちろん，作業物質が熱量 Q' を吸収しても，C の状態で作業物質の温度は T'(K) より大きくはならない．つぎに，図 7.10 の D では作業物質から温度 T(K) の高温熱源に熱量 Q'(cal) を移すことになるが，作業物質の温度は T(K) よりも低い．そうすると，このとき低温の物質から高温の物質に熱が移ることになる．しかも仮にこのとき外から仕事をされるとすると，この熱機関と注射器熱機関を組み合わせた複合熱機関がする仕事はその分だけ $w = J(Q - Q')$ よりも小さくなるので熱効率が 100% 以下になってしまう．つまり，C, D のような過程とは，食堂のテーブルに置き忘れたコップの水が，何もしないのにグツグツと沸騰し始めるようなことなのである．これは，われわれの経験上ありえないことである．この経験則はクラウジウスの原理といわれる．

> **クラウジウスの原理** まわりに何の変化も残さないで，温度が低い物体から，温度が高い物体に熱を移すことはできない．

クラウジウスの原理は熱伝導という一方通行の現象を述べているが，熱伝導に限らずこのような現象は身の回りにたくさんある．コーヒーに入れたミルクは時間がたつと拡散してコーヒーと混じり合うが，ミルク入りコーヒーは何時間たってもコーヒーとミルクに分かれない．このように，一方向には起こるが逆の変化が起こらない現象を**不可逆現象**という．トムソンの原理も，クラウジウスの原理と同様に不可逆現象が存在することを述べている．つまり，燃料を燃やして発生した熱を仕事に変換すると必ず熱を捨てることになる．一度捨てられた熱は仕事に変換できないのである．

トムソンの原理やクラウジウスの原理は**熱力学第 2 法則**と呼ばれる．7.1 節で考えた熱力学第 1 法則はエネルギーの移動形式を表すものだったが，熱力学第 2 法則は自然界に不可逆現象があることを指摘するものである．

【エントロピー】 熱力学第2法則は不可逆現象に関するものであるが，不可逆な変化を数値化するための物理量をエントロピーという．

温度 T(K) の高温熱源から熱 Q(cal) をもらい，温度 T'(K) の低温熱源に熱 Q'(Cal) を出す実際の熱機関を考えてみよう．この熱機関を運転すると，カルノーサイクルとは違って熱源と作業物質の間で熱伝導という不可逆変化が生じる．この熱機関の熱効率 η はカルノーサイクルの熱効率 η_c よりも小さく，つぎのような関係がなりたつ．

$$\eta = 1 - \frac{Q'}{Q} < 1 - \frac{T'}{T} = \eta_c, \qquad \therefore \frac{Q'}{T'} > \frac{Q}{T} \qquad (7.23)$$

ところで，カルノーサイクルが高温熱源からもらう熱を Q_0(cal)，低温熱源に出す熱を Q'_0(cal) とすると，(7.21) 式からつぎの関係がなりたつ．

$$\frac{Q'_0}{T'} = \frac{Q_0}{T} \qquad (7.24)$$

すなわち，可逆機関であるカルノーサイクルと不可逆機関である実際の熱機関では，(熱量)/(絶対温度) という量の変化がことなる．

この違いがどこで生じたか考えてみよう．カルノーサイクルでも実際の熱機関でも，1サイクル運転した後には作業物質の内部エネルギーははじめの値にもどっている．しかし，7.2節で考えたように，熱伝導があると作業物質の内部エネルギーを h(J) だけ無駄に増やしたり減らしたりするために無駄な熱の移動が生じる．つまり，カルノーサイクルと実際の熱機関を比較すると，熱源とやりとりする熱量の間につぎの関係がある．

$$JQ = JQ_0 + h, \qquad JQ' = JQ'_0 + h$$

この関係を使って (7.23) 式を書きなおすと，

$$\frac{JQ'_0}{T'} + \frac{h}{T'} > \frac{JQ_0}{T} + \frac{h}{T}$$

となる．ここで (7.24) 式を使うと，上の式はつぎのようになる．

$$\frac{h}{T'} > \frac{h}{T}$$

すなわち，実際の熱機関では1サイクルの間に，

$$\frac{h}{T'} - \frac{h}{T}$$

だけ, (熱量)/(絶対温度) という量が増えている. その原因は熱伝導という不可逆変化である. そこで, 不可逆変化に関係した状態量として**エントロピー** $S(\mathrm{J/K})$ をつぎのように定義する.

$$\Delta S = \frac{熱量}{絶対温度} \tag{7.25}$$

ΔS はエントロピーの変化を表す. 例えば, $\Delta S = JQ/T$, $\Delta S = JQ'/T'$ などとなる. これらの式の分子に熱の仕事当量 J があるのはエントロピーの単位を $(\mathrm{J/K})$ としたからである.

エントロピーを使ってカルノーサイクルと実際の熱機関の違いをもう一度整理してみよう. カルノーサイクルを1サイクル動かすと, (7.24) 式からわかるようにエントロピーは変化しない. すなわち, 2つの等温変化におけるエントロピーの変化を $\Delta S_1 = JQ_0/T$, $\Delta S_2 = JQ'_0/T'$ とすると, 1サイクル後のエントロピーの変化は

$$\Delta S = \Delta S_2 - \Delta S_1 = \frac{JQ'_0}{T'} - \frac{JQ_0}{T} = 0 \tag{7.26}$$

である. 一方, 実際の熱機関を運転するときも同じように計算すると

$$\Delta S = \frac{JQ'}{T'} - \frac{JQ}{T} = \frac{h}{T'} - \frac{h}{T} > 0 \tag{7.27}$$

となり, エントロピーは増大する.

エントロピーは内部エネルギーや温度などと同様に状態量であるから, 実際の熱機関でもカルノーサイクルでも, 1サイクルの後には作業物質のエントロピーはもとの値にもどっている. したがって, 作業物質のエントロピーは変化していない. 実際の熱機関を運転したときにエントロピーが増大する原因は, 熱源と作業物質に温度差があるために生じた熱伝導にともなう熱の移動である. つまり, 熱源と熱機関を含む全体のエントロピーが増大する. 例えば, 燃料を燃焼して高温熱源とし, 大気を低温熱源とすると, 燃焼する燃料から大気へ無駄な熱が移動して, 自然環境のエントロピーが増大することになる.

演習問題 7

1. 注射器に入った $0.01(\mathrm{mol})$ の空気を $8(\mathrm{N})$ の力で圧縮したところピストンは $5(\mathrm{mm})$ 動いた. 空気への熱の出入りはないとすると, 空気の温度は何 K 増えたか. ただし空気は理想気体とみなすことにする.

2. ジュールの実験 (図 7.2) と同様な装置を使って水を撹拌する実験を 2 回おこなった．ただし，2 回の実験ではことなる滑車を使っておもりを落下させた．1 回目に実験で使った滑車と軸には摩擦が無く，滑車はなめらかに回転した．一方，2 回目の実験で使った滑車は錆びていたために摩擦熱が発生した．2 回とも水槽内の水の温度は同じだけ上昇したが，1 回目の実験ではおもりを 3(m) 落下させ，2 回目の実験では 5(m) 落下させた．錆びた滑車を使ったときに発生した摩擦熱は何 cal か．おもりの重さは 5(kg)，熱の仕事当量は 4.19(J/cal)，重力加速度は 9.8(m/s^2) とする．

3. 20(℃) の理想気体 1(mol) を熱して 100(℃) にした．このとき，気体は質量 20(kg) の荷物を 1(m) 持ち上げた．気体が外部から受け取った熱量を求めよ．

4. 外から仕事をすることによって低温熱源から熱を吸収し，高温熱源に放出する熱機関にはどのようなものがあるか．身近にある熱機関の例をあげよ．

5. 自動車のエンジンは，シリンダーという円筒内で燃料と空気の混合気体の燃焼と排気を繰り返す熱機関である．このときにシリンダーに挿入されているピストンが上下運動して仕事をする．エンジンができるだけ燃料を効果的に消費するには，エンジンの動きや材質などについてどんな工夫をしたらよいか．

6. 2 つの熱源を使ってカルノーサイクルを動かしたとき，高温熱源から作業物質が吸収した熱量が Q_c(cal)，外にした仕事の大きさが w(J) だったとする．同じ熱源を使って同じ仕事をする実際の熱機関の熱効率はカルノーサイクルの熱効率よりも小さいことを示せ．

第8章　光の性質

　光は，水面や鏡で反射したり，水とガラスの境目で進路を曲げたりする．太陽の光が電信柱の影をつくるのを見ていると，光の進路は直線で表されるように思う．では，そもそも光とは何なのか．力学法則で有名なニュートンは光は小さな粒子の集まりであると考えた．しかし，さまざまな実験によって光は波であることがわかった．理論的には，マクスウェルの方程式から導かれる電磁波が光と同じ速さで進むことがわかった．ここでは，波としての光について考えよう．

8.1　光の進み方

【フェルマーの原理】　景色や人が見えるのは，太陽や電球から出た光をこれらの物体が反射し，その反射光をわれわれの視覚が捉えるからである．風呂や川の底が浅く見えるのは底で反射した光が水面で進路を変えるからである．
　物質の境界で光が進路を変える現象は屈折と呼ばれる．光の進路を直線や曲線などの線で表し光を**光線**とみなすと，光の反射や屈折は図8.1のように表される．光は基本的には直進するように見えるが，鏡の表面B点では進路を変え

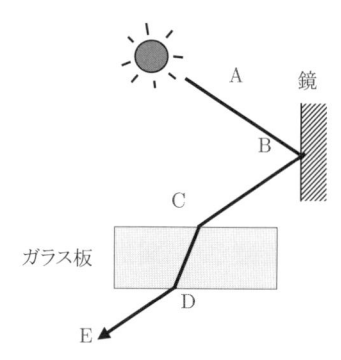

図8.1　光線の進路

る．また，ガラスがあるとその表面 C 点，D 点でも進路を変える．

このような反射や屈折は，でたらめな方向に光の進路を変えるのではなく，ある規則にしたがっている．すなわち，反射の法則と屈折の法則である．しかしこれらの法則は，実はもっと根源的な法則にしたがっている．その法則を**フェルマーの原理**という．いろいろな法則を束ねるより単純な法則を**原理**という．フェルマーの原理とはつぎのようなものである．

フェルマーの原理 光は，所要時間が最小になるようなところを進む．

【屈折率と光学距離】 光が物質中を速さ v(m/s) で進み，真空を c(m/s) で進むとする．このとき，c と v の比を**絶対屈折率**といい n で表す．絶対屈折率のことを単に**屈折率**ともいう．

$$n = \frac{c}{v} \tag{8.1}$$

c も v も同じ単位であるから n には単位がない．図 8.2 のように，光が物質中を O 点から P 点まで進む時間 t(s) は，速さが一定ならば光が進んだ経路の長さ s(m) を速さ v(m/s) で割って求められる．

(8.1) 式を用いて所要時間を計算すると，

$$t = \frac{s}{v} = \frac{n}{c}s$$

という関係が得られる．c(m/s) は定数であるから，O 点から P 点まで進む時間を最小にすることは，ns(m) という物理量を最小にすることと同じである．ns を**光学距離**という．ここでは，光学距離を L で表すことにする．

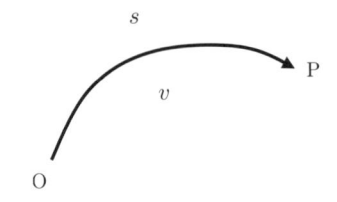

図 8.2 光は所要時間が最小になるように進む

光学距離 $[L] = $ **屈折率** $[n] \times$ **実際に進む距離** $[s]$

したがって，フェルマーの原理はつぎのように言い換えることもできる．

> **フェルマーの原理** 光は，光学距離が最小になるようなところを進む．

図 8.1 で光線が経路 ABCDE を通り，空気とガラス中を進むときの光学距離を求めてみよう．AB=L_1(m), BC=L_2(m), CD=L_3(m), DE=L_4(m) とし，空気とガラスの屈折率をそれぞれ n および n' とする．

ABC および DE の屈折率は n であり，CD の屈折率は n' である．したがって，光学距離 L(m) は，

$$L = nL_1 + nL_2 + n'L_3 + nL_4 = n(L_1 + L_2 + L_4) + n'L_3$$

である．

問 8.1 光線が屈折率 1.33 の物質中を 1.20(m) 進んだあと，屈折率が 1.50 の物質中を 0.4(m) 進んだ．光学距離を求めよ．

いくつかの物質の屈折率を表 8.1 に示す．なお，2 つの物質の屈折率の比を**相対屈折率**という．例えば，水とガラスの屈折率をそれぞれ n_w, n_g とすると，水に対するガラスの屈折率 n_{gw} は，

$$n_{gw} = \frac{n_g}{n_w}$$

となる．表 8.1 からわかるように空気の屈折率はほとんど 1 であるから，空気に対する各物質の相対屈折率は絶対屈折率とほとんど同じ値である．

表 8.1 いくつかの物質の屈折率．ナトリウム D 線 (589.3nm) に対する値

物質	空気	水	ベンゼン	ガラス	ダイヤモンド	サファイヤ
屈折率	1.00	1.33	1.50	1.47〜2.00	2.42	1.76

（ガラスには様々な組成のものがあり，それによって屈折率もいろいろな値になる．）

【フェルマーの原理と反射の法則】 フェルマーの原理が反射の法則や屈折の法則よりも根源的な法則であると，この節の冒頭で述べた．もしもそれが本当ならば，フェルマーの原理から反射の法則や屈折の法則が求められるはずである．では，つぎにこれらの法則を導いてみよう．

鏡などの表面で光線が反射する場合を考えよう．図 8.3 の A 点からきた光が C 点で反射して B 点に到達したとする．このときの光学距離はどうなるだろう

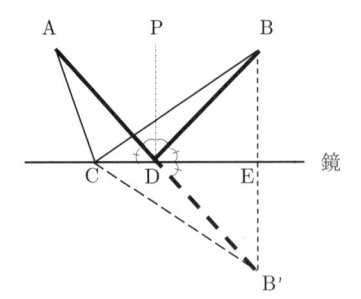

図 8.3 光の反射

か. 光線の経路 ABC は空気中にあるから屈折率は 1 である. したがって, 光学距離はつぎのようになる.

$$L = \mathrm{AC} + \mathrm{CB}$$

ところで, 反射面に対して B 点と対照な点 B′ を考えると CB = CB′ であるから,

$$L = \mathrm{AC} + \mathrm{CB}'$$

と書き換えられる. では, 光学距離がもっとも短くなるのはどんな経路だろうか.

図 8.3 から明らかなように, A 点と B′ 点を直線で結んだ場合に L は最も短くなる. したがって, 光線は ADB の経路を通る. このとき, ∠ADP と ∠BDP をそれぞれ**入射角**および**反射角**という. では, 入射角と反射角の関係はどうなっているだろうか.

△BDE と △B′DE は合同図形である. また, ∠B′DE = ∠ADC である. したがって,

$$\angle \mathrm{ADP} = \angle \mathrm{BDP}$$

がなりたつ. すなわち入射角と反射角は等しい. これを**反射の法則**という. この法則は紀元前 300 年頃の数学者ユークリッドの著書『光学』に述べられているが, フェルマーの原理は 17 世紀の数学者フェルマーが見いだしたものである.

問 8.2 図 8.4 のように表面が平らな鏡を 45° の角度で組み合わせた. P 点から鏡 A の Q 点に入射した光線が反射して, さらに鏡 B で反射したとする. 鏡 B で反射した光線が, 入射した経路たどって P 点にもどるようにしたい. P 点から Q 点に入射する光線の入射角を求めよ.

図 8.4

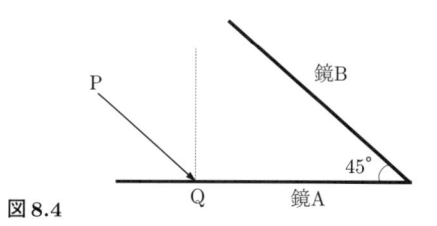

【フェルマーの原理と屈折の法則】 つぎに，光線の屈折を考えてみよう．図 8.5 で A 点からきた光線が 2 つの物質の境界面を通過して B 点まで到達した．このとき，光線は境界面上のどこを通るだろうか．2 つの物質の屈折率を n_1, n_2 とすると，境界面上の C 点を通る場合，光学距離 L はつぎのようになる．

$$L = n_1 \mathrm{AC} + n_2 \mathrm{CB}$$

n_1 よりも n_2 の方が大きいとすると，AC が大きく CB が小さい方が光学距離 L は小さくなる．したがって，C 点よりも D 点を通る方がフェルマーの原理にあっている．

では，もっと正確にいうと D 点とはどんな位置だろうか．図 8.5 に示した角 θ_1, θ_2 をそれぞれ入射角および**屈折角**というが，光線が D 点を通るとき，これらの角度がどんな関係になっているか調べてみよう．

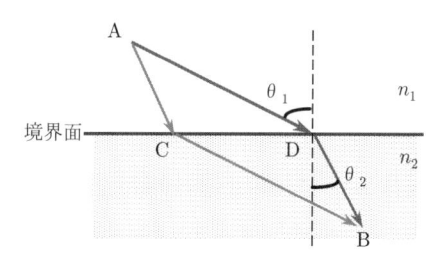

図 8.5 光の屈折

図 8.6 のように，光線は境界面上の D 点を通って A 点から B 点へ進むとする．図からわかるように，

$$\mathrm{AD} = \sqrt{a^2 + c^2}, \quad \mathrm{DB} = \sqrt{b^2 + c'^2} = \sqrt{(d-a)^2 + c'^2}$$

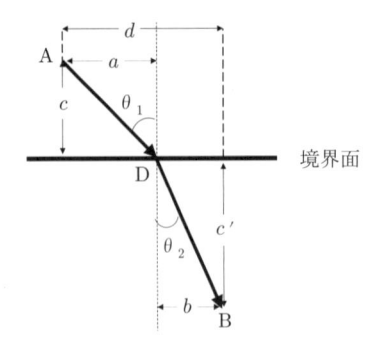

図 8.6 屈折の法則を調べる

である．そうすると，光学距離 L はつぎのようになる．
$$L = n_1\sqrt{a^2 + c^2} + n_2\sqrt{(d-a)^2 + c'^2} \tag{8.2}$$

D 点は L が最小になるような位置である．そのような条件を満たす a はどんな値だろうか．a の値に対する L の変化をグラフにすると図 8.7 のようになり，ある値 a_0 で L がもっとも小さくなる．

計算は省略するが[*]，$a = a_0$ のときには，(8.2) 式からつぎの関係が導かれる．
$$n_1 \frac{a_0}{\sqrt{a_0^2 + c^2}} = n_2 \frac{(d - a_0)}{\sqrt{(d - a_0)^2 + c'^2}} \tag{8.3}$$

となる．図 8.6 からわかるように，(8.3) 式の左辺と右辺の分数式はそれぞれ $\sin\theta_1$ および $\sin\theta_2$ に等しいから，結局つぎの関係がなりたつことになる．
$$n_1 \sin\theta_1 = n_2 \sin\theta_2 \tag{8.4}$$

この関係は，1621 年にオランダの数学者スネルが実験的に発見した**屈折の法則**で，**スネルの法則**ともいわれる．

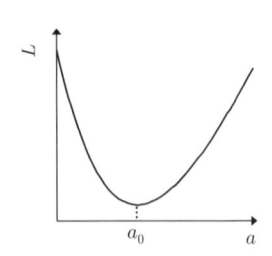

図 8.7 D 点の位置 a と光学距離 L の関係

---

[*] $dL/da = 0$ という条件から (8.3) 式が導かれる．興味がある人は計算してみるとよい．

問 8.3 光線がガラスから空気中に屈折して進むとき，屈折角が 90° になるような入射角を求めよ．空気の屈折率は 1.0，ガラスの屈折率は 2.0 とする．

屈折角が 90° になるような入射角よりも大きな角度で入射する光線は，物質の境界面で反射する．この現象を**全反射**といい，屈折角が 90° になるような入射角を**臨界角**という．

光の反射と屈折について注意してもらいたいことがある．物質の境界面で光がすべて反射したり，まったく反射せず屈折して境界面を通過するということはない．ほとんどの場合に反射と屈折の両方の現象が生じるが，水面やガラス面では反射光の強度が小さく，鏡のような場合には大きいのである．

8.2 波の性質

【波は媒質の振動】 ここまでは，光線としての光の進み方を考えてみた．つぎの 8.3 節では光の波としての性質を考えるが，ここではその準備として波の性質について考えておこう．

図 8.8 は，野球場などでのスポーツ観戦で時どき現れる「ウェーブ」である．この図で A さんや周りにいる人たちは，自分の席で立ったり座ったりするだけで横へ歩いているわけではない．それなのに，向かい側の観客席やテレビの画面で見ると波の形が横へ動いて見える．では，どうして動いて見えるのだろうか．A さんが立つとき右隣の人はそれよりも少し遅れて立つ．そのまた右隣の人はさらに少し遅れて立つ．こんなふうに，少しずつタイミングをずらして同じ動作をすると，全体がまるでひとつの波のように見えるのである．

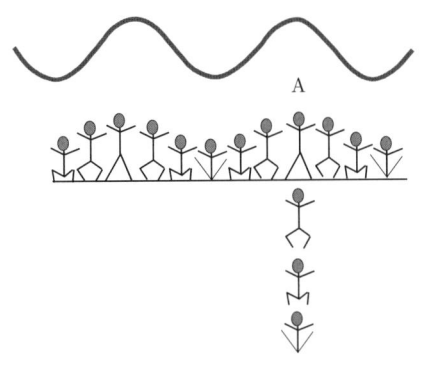

図 8.8　人がつくる波「ウェーブ」

「ウェーブ」では，観客の一人一人が上下に振動して波を生じる．「ウェーブ」の観客のように波を生じるものを**媒質**という．音の波や弦を伝わる波の媒質は空気や弦を作る繊維のように物質であるが，光の場合には電場や磁場である[*]．波は振動が媒質を伝わる現象である．また，波は媒質の振動によってエネルギーを伝える．

【**波の表し方**】 波を特徴づけるものに波長，周期，振動数，波の速さなどがある．これらは波を考えるときの基本であるから，ここで整理しておこう．図8.9 を見てもらいたい．x 方向に速さ v(m/s) で進む波があるとする．波形の最も高いところは**波の山**といい，最も低いところを**波の谷**という．そして，山から山または谷から谷までの長さを**波長**という．波長を λ(m) で表すことにする．

この波を x 方向のある位置，例えば P 点で観察したとき 1 秒間に f 回振動したとする．このとき 1 秒間の振動の回数 f を**振動数**という．1 秒間の振動回数であるから単位は回/s となるが，それを Hz と書く．電気振動の場合には振動数のことを**周波数**ということもある．P 点で媒質の振動の時間経過を見てみると，図 8.9 の点線のような波形になる．ここにも山や谷があるが，山と山または谷と谷の時間間隔を**周期**といい T(s) で表す．P 点で媒質が 1 回振動すると波は時間軸に沿って周期 T(s) だけ移動する．したがって，周期と振動数は逆数の関係になっている．

$$T = \frac{1}{f} \tag{8.5}$$

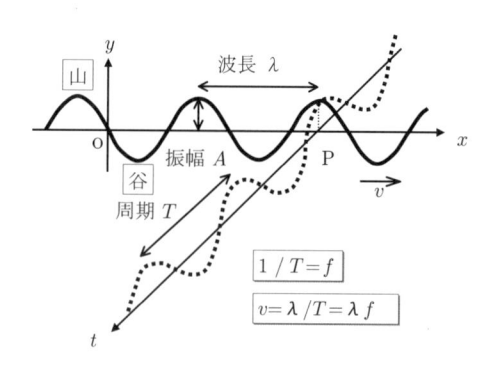

図 8.9 波の表し方

---

[*] 第 5 章 5.1 節参照

また，P 点で媒質が 1 回振動するとき x 軸に沿ってみると，波長 $\lambda(\mathrm{m})$ だけ移動する．つまり，波は $T(\mathrm{s})$ 間に $\lambda(\mathrm{m})$ 進むことになるから，波の速さはつぎのように表せる．

$$v = \frac{\lambda}{T} = \lambda f \qquad (8.6)$$

波はふつう図 8.9 のような正弦波 (sin 曲線) で表される．媒質は，振動すると静止していたときの位置からずれるが，このずれを**変位**という．位置 $x(\mathrm{m})$，時刻 $t(\mathrm{s})$ の変位 $y(\mathrm{m})$ を式で表すとつぎのようになる．

$$y = A \sin 2\pi \left(\frac{x}{\lambda} - \frac{t}{T} \right) \qquad (8.7)$$

この式で，$A(\mathrm{m})$ は山の高さ，または谷の深さのことで**振幅**という．また，(8.7) 式右辺の

$$2\pi \left(\frac{x}{\lambda} - \frac{t}{T} \right)$$

を位置 x，時刻 t における**位相**という．(8.7) 式は x のプラス方向へ進む波を表す．反対向きに進む波の変位は，t の符号を変えてつぎのように表される．

$$y = A \sin 2\pi \left(\frac{x}{\lambda} + \frac{t}{T} \right) \qquad (8.8)$$

問 8.4 $t = 0$ のときの波形を実線で図 8.10 に示した．また，それから 0.1(s) 後の波形を同じ図に点線で示した．この間に波は 0.1(m) 進んでいる．図の x, y の単位を m として，以下の問に答えよ．
(1) λ, v, f, T を求めよ．
(2) 変位 $y(\mathrm{m})$ を表す式を求めよ．
(3) $t = 0(\mathrm{s})$ のとき，$x = \frac{1}{3}(\mathrm{m})$ における $y(\mathrm{m})$ を求めよ．
(4) $t = 0.1(\mathrm{s})$ のとき，$x = 10(\mathrm{m})$ における $y(\mathrm{m})$ を求めよ．
(5) $x = 0(\mathrm{m})$ における $t = 0.1(\mathrm{s})$ のときの位相を求めよ．

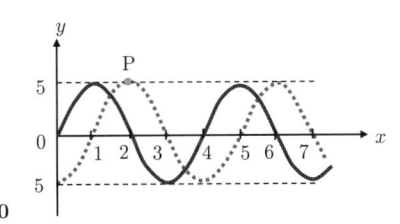

図 8.10

(6) $t=0$(s) の波と $180°$ 位相がことなる波を描け.

(7) $t=0.1$(s) の波について，P 点と $90°$ 位相がことなる点を波形に書き込め．

図 8.10 の P 点のように，ある位置の媒質の振動に注目すると x/λ は定数になる．このとき波の変位 y はつぎの式で表される．このような振動を**単振動**または**調和振動**という．

$$y = A\sin(\omega t + \theta) \qquad (8.9)$$

おもりを糸につるした振り子を小さく振らしたときや，バネにおもりをつけて小さく振動させたときのおもりの変位も，このような単振動になっている．

問 8.5 (8.7), (8.8) 式を (8.9) 式と比較して，ω と θ を T, λ, f などで表せ．

【**波の重なり**】 2 個所から発生した 2 つの波が出合ったときどうなるだろうか．図 8.11 のように，振幅が大きくないときには 2 つの波 y_1, y_2 が重なると，それぞれの波の変位を足し合わせた波が生じる．これを**重ね合わせの原理**という．式で表すとつぎのようになる．

$$y = y_1 + y_2 = A_1 \sin 2\pi \left(\frac{x}{\lambda_1} - \frac{t}{T_1} \right) + A_2 \sin 2\pi \left(\frac{x}{\lambda_2} - \frac{t}{T_2} \right) \qquad (8.10)$$

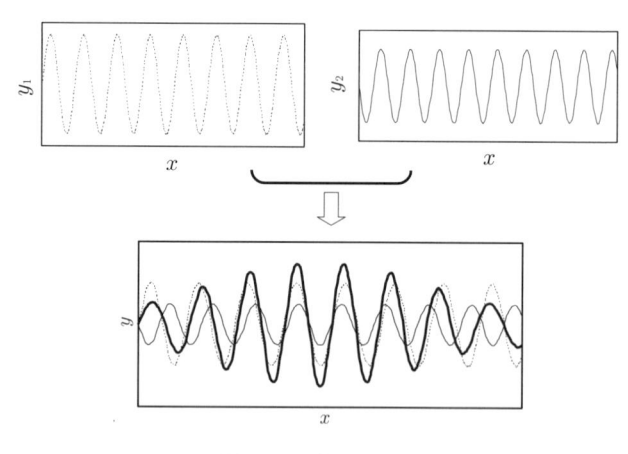

図 8.11 波の重なり

8.2 波の性質

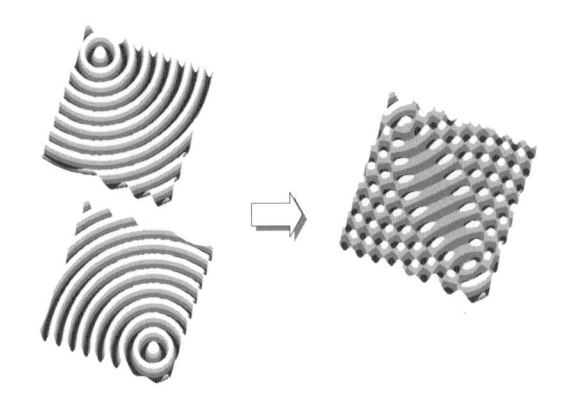

図 8.12 波の干渉 (左の 2 つの波が重なって右の波が生じる)

問 8.6 ともに x の正方向に進む，振幅が $0.2(\mathrm{m})$ で波長が $2.4(\mathrm{m})$ の波と，振幅が $0.3(\mathrm{m})$ で波長が $0.8(\mathrm{m})$ の 2 つの波が重なった．$t=0$ のとき $x=0.2(\mathrm{m})$ における合成された波の変位を求めよ．

2 個所から発生した同じ性質の波が出合うと，図 8.12 のようにそれぞれの波の振幅よりも大きな振幅のところと常に変位が 0 になるところが生じる．これはこのような 2 つの波が重なるとき，山と山または谷と谷が重なると振幅が 2 倍になるが，山と谷が重なると振幅が 0 になるためである．この現象を**干渉**という．

波は障害物に出合うと障害物の陰に回り込む．この現象を**回折**という．港の堤防の端から波が多少回り込むのはこの現象である．すき間を通った光は回折して広がるので，干渉して虹色の模様をつくる．ハサミを少し開いて太陽にかざすと回折による虹色の模様が見える．障害物の大きさにくらべて波の波長が長いほど回折の程度は大きい．

光の通り道にある物体が光の波長にくらべて十分大きいときには，光を光線とみなして，光の進路を考えることができる．

問 8.7 ラジオの AM 波と FM 波で生じる回折現象の違いを，ラジオを聞いた経験から考えよ．

8.3 波としての光

波は干渉や回折現象を生じる．光にも干渉や回折現象があることが17世紀ころから知られていた．フックは『ミクログラフィア』(1667)という著書で，薄膜の着色が光の干渉によって生じることを指摘した．また，グリマルディは小さな穴を通過した光線の像を観察して光の回折を発見した(1665)．

しかし，光が波であることはなかなか理解されず，フックや波動説の基礎を築いたホイヘンスらと，光の粒子説を唱えるニュートンの間で論争が続いた．この論争は，さまざまな実験や理論的研究を経てマクスウェルの電磁波方程式に至り，光は波であるという認識に落ち着く．この論争に終止符を打つことになる実験の一つにヤングの干渉実験(1807)がある．

【ヤングの実験】 図8.13のような方法で光の干渉を観測することができる．同じ光源からでた単一波長の光(単色光)を，障壁にある2つのスリットS_1, S_2を通して分けると，各スリットを通過した光線がスクリーン上に干渉模様を生じる．スリットとは細長い切れ目のことで，この実験では0.01(mm)から0.1(mm)程度の切れ目である．また，2つのスリットの間隔も同程度である．

この実験で光の干渉が生じるのはどうしてだろうか．光が波であるとして，考えてみよう．干渉が生じるのは，同じ性質の2つの波が重なるとき，重なる位置によって2つの波の位相がことなるからである．スリットS_1, S_2を通った光は回折現象によってスリットの幅よりも広がる．つまり，障壁の手前では波の位相の同じ位置が平面を描いていたのに，スリットを抜けると位相の同じ位置が球面になる．これは，港の堤防の外から来た波が，堤防のすき間から港内に入り込むときのようすと似ている．

図8.14でさらに具体的に考えてみよう．スリットを通過した光は回折現象を

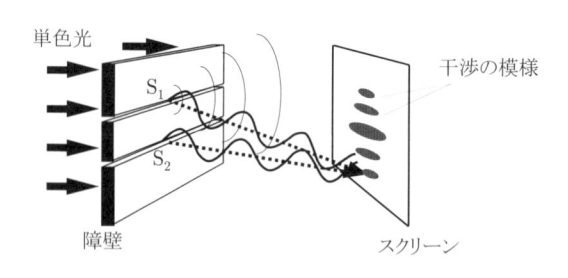

図8.13 ヤングの実験

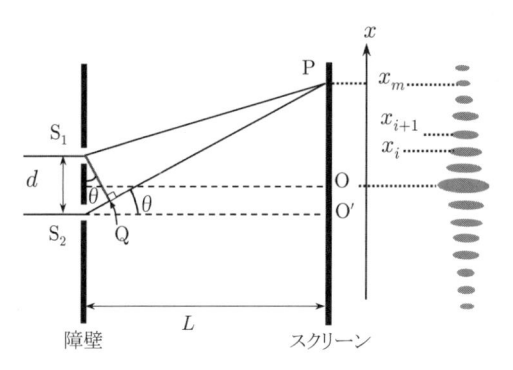

図 8.14 ヤングの実験と干渉模様

起こして障壁の右側のあらゆる方向に進む．2つのスリットから等しい距離にあるスクリーン上の位置 O 点で光が重なると同じ位相で重なることになる．つまり，山と山または谷と谷が重なって明るくなる．

スリットを通過したあと P 点へ進む光に注目しよう．このとき，d(m) 離れて並んだスリット S_1, S_2 を通った光の経路の差は，

$$S_2P - S_1P \doteqdot S_2Q = d\sin\theta = d\frac{O'P}{S_2P}$$

である．実験で明瞭な干渉模様が観測されるには，つぎの条件がなりたっていなければならない．

$$O'O \ll O'P, \quad L \gg OP, O'P$$

したがって，$S_2P \doteqdot L, O'P/L \doteqdot OP/L$ がなりたち，

$$S_2Q = d\frac{OP}{L} = d\frac{x_m}{L}$$

となる．波が重なったときに強め合うのは，経路の差がちょうど波長の整数倍になるときである．また打ち消し合うのは，経路の差が波長の整数倍よりも半波長ずれているときである．つまり，

$$\frac{dx_m}{L} = m\lambda \quad \cdots 明るい \quad (m = 0, 1, 2, 3, \cdots) \tag{8.11}$$

$$\frac{dx_m}{L} = m\lambda + \frac{\lambda}{2} \quad \cdots 暗い \quad (m = 0, 1, 2, 3, \cdots) \tag{8.12}$$

という関係がなりたつ．

♦**例題 8.1** ヤングの実験でスクリーンに生じた干渉模様の明るい点の間隔は隣り合うどの2点でも同じになることを示せ。

解答 i番目と$i+1$番目の明るい模様のx座標をx_i, x_{i+1}とすると、それらの間隔は$x_{i+1} - x_i$である。(8.11)式を、この隣り合った2点に適用して引き算すると、つぎのようになる。

$$\frac{d}{L}x_{i+1} - \frac{d}{L}x_i = (i+1)\lambda - i\lambda = \lambda, \qquad \therefore x_{i+1} - x_i = \frac{L\lambda}{d}$$

L, λ, dは定数であるから、隣り合った2つの明るい点の間隔はどの2点で測っても同じになる。　　　　　　　　　　　　　　　　　　　　　　　　　　　♦

問 8.8 波長が6.35×10^{-7}(m)の単色光を使ってヤングの実験を行った。スリットのある障壁からスクリーンまでの距離を2(m)、スリットの間隔を0.2(mm)とする。スクリーン上に干渉で生じる明るい模様の隣り合う2点の間隔を求めよ。

【**薄い膜の干渉**】 光の干渉は身の回りでよく見かける。晴れた日にシャボン玉をつくると、表面に七色の縞模様が見える。また、道路の水溜りに自動車の油が浮いていると、やはり七色の縞模様が見える。板ガラスの表面に密着したプラスチックフィルムにもこのような模様が現れることがある。これらは、薄い膜状の物質が屈折率のことなる物質に重なっているときに現れる現象で、光の干渉によって生じる。フックが著書『ミクログラフィア』で触れているのもこのような薄膜に生じた色であった。

図8.15は、薄膜による光の干渉の仕組みを示したものである。光の波が図の左上から空気中を進んで薄膜に入射する。光の一部は薄膜表面で反射するが、一部は屈折して薄膜内に進む。薄膜内に進んだ光波が、薄膜の下にある物質との境界面で反射して薄膜表面から空気中へ出るときに、薄膜表面で反射する光波と干渉して縞模様を生じる。では、このときの干渉の条件はどのようなものだろうか。膜の屈折率が、下の物質や空気の屈折率よりも大きいとして、考えてみよう。

図では、PACおよびQBD上で光波の位相の同じ位置を点線で結んである。また、白丸黒丸は波の山と谷を表している。光波の一部が薄膜表面のA点に到達したときQBD上でそれと同じ位相の位置はB点にある。先にA点に到達した光波はその後屈折してC点に進むが、他方はB点からD点まで到達したあ

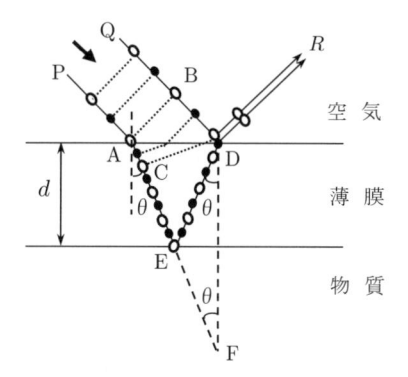

図 8.15 薄膜による光の干渉

と反射して R へ進む．P から A へ進んだ光の一部は A 点で反射するが，図では省略している．同様に D 点で屈折して薄膜内に進む光も省略してある．A 点から C を通り E 点へ進んだ光波の一部は E 点で反射して D 点に到達する．

薄膜内を進んだ光波は，薄膜表面で反射した光波にくらべて CED だけ長い距離を進んだことになる．図に示したように，薄膜と物質の境界面に対して D 点と対称な位置を F 点とすると，

$$\mathrm{CED} = \mathrm{CEF} = \mathrm{DF}\cos\theta = 2d\cos\theta$$

という関係がなりたつ．d は薄膜の厚さ，θ は薄膜に入射する光の屈折角である．

薄膜内での光波の波長を λ(m) とすると，距離 CED は波長 λ の

$$\frac{2d\cos\theta}{\lambda} = \frac{2nd\cos\theta}{\lambda_0} \tag{8.13}$$

倍の長さである．この式の右辺にある λ_0 は真空中での光波の波長である．この式の右辺はつぎのようにして得られた．(8.1) 式から，屈折率 n は物質内での光の速さ v(m/s) に対する真空中での光の速さ c(m/s) の比である．また，速さと波長および振動数 f(Hz) の関係は (8.6) 式で表される．したがって，つぎの関係がなりたつ．

$$n = \frac{c}{v} = \frac{\lambda_0 f}{\lambda f} = \frac{\lambda_0}{\lambda}, \qquad \therefore \lambda = \frac{\lambda_0}{n}$$

これを使うと，(8.13) 式の右辺が得られる．

(8.13) 式がちょうど波長の整数倍になるとき，膜の中を通ってきた光が D 点で反射波と強め合うように思うかもしれない．しかし，そうはならずに打ち消

し合う．それは，屈折率の小さな物質から大きな物質の表面に入射して反射するときには，光波の位相が半波長分すなわち 180° ずれるからである．これは，弦を伝わる波が固定された端で反射する場合も同じである．

薄膜表面で生じる光波の干渉条件をまとめるとつぎのようになる．

$$\frac{2nd\cos\theta}{\lambda_0} = m + \frac{1}{2} \quad \cdots 明るい \quad (m = 0, 1, 2, 3, \cdots) \quad (8.14)$$

$$\frac{2nd\cos\theta}{\lambda_0} = m \quad \cdots 暗い \quad (m = 0, 1, 2, 3, \cdots) \quad (8.15)$$

薄膜表面には七色の縞模様が現れる．上の (8.14) 式と (8.15) 式をもとに，明暗の縞模様ができる仕組みと七色に色づく仕組みを考えてみよう．

【膜にできる明暗の模様】 図 8.16 のように，膜にはいろいろな方向から光が入射し，それらの屈折角はことなる．したがって，入射方向によって，(8.14) 式がなりたったり (8.15) 式がなりたったりする．AB 方向からきた光の屈折角 θ_1 が (8.14) 式を満足していると，膜内を通った光は薄膜表面で AB 方向からきた光と干渉して強め合う．一方，DE 方向からきた光の屈折角 θ_2 が (8.15) 式を満たしていると干渉して打ち消し合う．こうして明暗の縞模様ができる．

$$\frac{2nd\cos\theta_1}{\lambda_0} = m + \frac{1}{2}, \quad \frac{2nd\cos\theta_2}{\lambda_0} = m$$

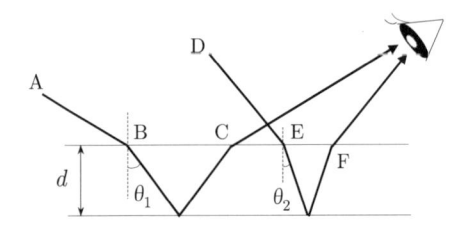

図 8.16 明暗の縞模様が見える仕組み

【膜にあらわれる色】 太陽からくる光にはいろいろな波長の光が含まれている．われわれの目は，光の波長がことなると違う色の光として感じる．図 8.17 のように，同じ方向からいろいろな波長の光が入射すると，波長によって (8.14) 式がなりたったり (8.15) 式がなりたったりする．

$$\frac{2nd\cos\theta}{\lambda_1} = m + \frac{1}{2}, \quad \frac{2nd\cos\theta}{\lambda_2} = m$$

8.3 波としての光

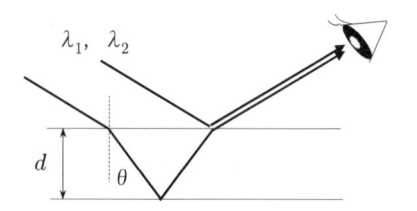

図 8.17 色づいて見える仕組み

この場合には，波長 λ_1 の光は明るく見えるのでこの波長に対応する色の模様が見えるが，波長 λ_2 の光は打ち消し合うのでその色は消える．

♦**例題 8.2** 屈折率が 1.5 で厚さが 2.0×10^{-6}(m) の透明なプラスチックフィルムに，波長が 6.0×10^{-7}(m) の光が入射した．明るく見えるような入射方向がいくつあるか求めよ．フィルムの片面は，それよりも屈折率の小さなガラスに密着しているとする．

解答 薄膜の干渉で明るく見える条件 (8.14) に，上で与えられた条件 $n = 1.5$, $d = 2.0 \times 10^{-6}$(m), $\lambda_0 = 6.0 \times 10^{-7}$(m) を代入する．

$$\frac{2 \times 1.5 \times 2.0 \times 10^{-6} \times \cos\theta}{6.0 \times 10^{-7}} = m + \frac{1}{2}, \qquad \therefore \cos\theta = \left(m + \frac{1}{2}\right) \times 0.1$$

$\cos\theta \leq 1$ であるから m はつぎの条件を満足していなければならない．

$$\left(m + \frac{1}{2}\right) \times 0.1 \leq 1, \qquad \therefore m \leq 9.5$$

そこで，$m = 0, 1, 2, 3, \cdots, 9$ について $\cos\theta = (m + 1/2) \times 0.1$ を計算してみるとつぎのようになる．

m	0	1	2	$\cdots$	6	7	8	9
$(m+1/2) \times 0.1$	0.05	0.15	0.25	$\cdots$	0.65	0.75	0.85	0.95

ところで，プラスチックフィルムへの入射角を θ_0 とすると空気の屈折率は約 1 であるから，屈折の法則 (8.4) より，

$$\sin\theta_0 = n\sin\theta$$

という関係がなりたつ．ここで，$\sin^2\theta + \cos^2\theta = 1$ という数学公式を使うとつぎの関係がなりたつ．

$$\sin\theta_0 = n\sqrt{1 - \cos^2\theta} = 1.5 \times \sqrt{1 - \cos^2\theta} \leq 1, \qquad \therefore \cos\theta \geq 0.745$$

$m = 7, 8, 9$ の場合に上の条件が満たされるので，明るく見える入射方向は 3 つあることがわかる． ♦

問 8.9 例題 8.2 で,明るく見える入射光の入射角を求めよ.

問 8.10 屈折率が 1.5 の均一な厚さの薄いフィルムが,フィルムよりも屈折率が小さいガラスに密着している.フィルム面に垂直な方向から白色光を入射させたとき,波長が 6.0×10^{-7}(m) の光の反射が消えるようにしたい.フィルムの厚さは最低何 μm にしたらよいか.1μm$=10^{-6}$m である.

【**水中での光の速さ**】 光が干渉することは光が波であることの有力な証拠であるが,1850 年にフーコーが行った水中での光の速さの測定結果も,光がニュートンが主張したような粒子ではなく,波であることを裏づけるものであった.

フーコーは半透明鏡や回転する鏡を組み合わせた実験装置を考案し,まず空気中での光の速さを測定した.往復約 20(m) の距離を進む光を回転する鏡で反射し,反射光の位置の変化から光の速さを求める実験である.実験結果から,求めた空気中での光の速さは約 2.98×10^8(m/s) であった.この値は,1849 年にフィゾーが高速回転する歯車を利用して測定した値よりも正確なものであった.

フーコーはこの装置を使って,水中を進む光の速さも測定し,水中での光の速さが空気中にくらべて 3/4 になることを発見した.ニュートンの粒子説によると,光の粒子は空気から水中に入るとき境界面で水の粒子から及ぼされる力によって加速すると考えられた.これは,水中で光の速さが減少するという実験結果に反するのである.

理論の妥当性は実験結果と矛盾しないことで確かめられる.ニュートンが考えた光の粒子説は,光の干渉や水中での光の速さの測定によって退けられることになる.

演習問題 8

1. 図 8.18 に示したように,A 点から平らな水面に垂直に光線が入射した.空気の屈折率を 1,水の屈折率を 1.33 とするとき,A 点から B 点までの光学距離を求めよ.
2. 図 8.19 の記号を使って反射の法則を導け.
3. 鏡を 2 枚組み合わせて,反射光線が入射

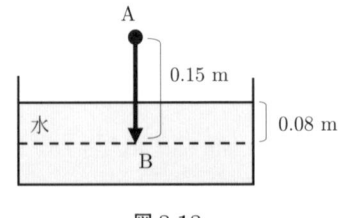

図 8.18

図 8.19

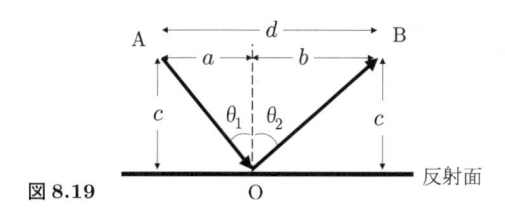

方向にかならずもどるようにしたい．2枚の鏡を組み合わせる角度を求めよ．

4. 光線がダイヤモンドと空気の境界面で全反射するときの臨界角を求めよ．また，ダイヤモンドがキラキラとよく輝く理由を考えよ．ダイヤモンドの屈折率は表 8.1 の値とする．

5. スクリーンまでの距離が 1.5(m) の障壁に，平行な 2 本のスリットがある．波長が 6.35×10^{-7}(m) の単色光がスリットを通過したあとスクリーン上で干渉模様を生じた．干渉模様の隣り合う明るい点の間隔は 2.5(cm) だったとする．スリットの間隔を求めよ．

6. 屈折率が $\sqrt{3}$ で厚さが 1.0×10^{-7}(m) の均一な厚さの膜に，空気中から入射角 60° で白色光が入射した．空気の屈折率は 1 とし，膜は屈折率の小さな物質に密着しているとする．
   (1) 膜に入射する光の屈折角を θ とするとき $\cos\theta$ を求めよ．
   (2) 膜面で干渉して強め合う光のなかで，われわれの目に見える光の波長を求めよ．ただし，可視光の波長は $3.8 \times 10^{-7} \sim 7.7 \times 10^{-7}$(m) とする．

7. 142 ページでふれたフーコーの実験によれば，水中での光の速さは空気中にくらべて減少する．光が波だとすれば，図 8.20 のように空気から水中に入射して屈折するときに光の速さが減少することを説明せよ．

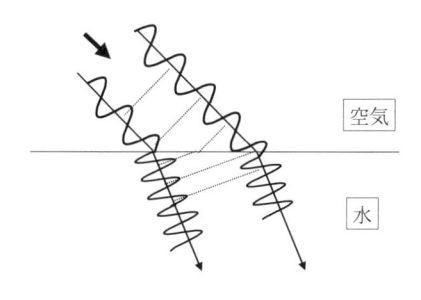

図 8.20

第9章 熱から光へ

鉄を熱すると赤くなり，さらに熱すると青白くなる．物質を熱したときに，放射する光の色は温度によって変わる．このような熱放射光の温度と色の関係を研究するなかで，光には粒子としての性質があることが明らかになった．光の粒子性の発見は，物質を構成する原子の構造を知る上でも重要な役割を果たし，電子のような微小粒子の運動を記述する量子力学が誕生するきっかけにもなった．ここでは，粒子としての光を考えよう．

9.1 温度と光

【温度と色】 約 $0.4 (\mu m)$ から $0.8 (\mu m)$ の波長の光は可視光線と呼ばれ，われわれの眼には赤から紫までのいろいろな色として感じる．太陽の光はすべての可視光線を含んでいる．図 9.1 のように，このような光が物体にあたるとある波長の光は反射し，ほかの波長の光は物体に吸収される．反射された波長の光が物体の色としてわれわれの視覚に感じる．

一方，くぎや針金をガスコンロで熱すると黒褐色が次第に赤味を帯びてくる．ガスコンロで熱する場合には赤くなる程度だが，もっと強い火力で熱すると黄色

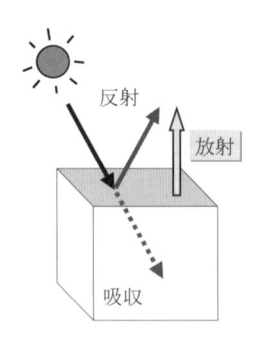

図 9.1 物体表面の反射・吸収・熱放射

を帯びてくるだろう．これは，物体がその温度に応じてことなる波長の光を強く放射するからである．この現象は**熱放射**と呼ばれる．熱した物体の色は，この熱放射光に含まれるいろいろな波長の光の中で最も強い波長の光の色である．

【黒体と熱放射】 太陽の光をプリズムに通すといろいろな色の光に分かれるが，光の強さと波長の関係はスペクトルと呼ばれる．一般に物体表面からは，ある波長範囲の反射光と熱放射光が出るので，熱放射光のスペクトルだけを調べるのは難しい．

最近はあまり見かけなくなったが，煙突のすすのように真っ黒な物体はほとんどすべての波長の光を吸収するので，熱放射だけが観測される．光の種類や照射のしかたに関係なく，どんな波長の光も完全に吸収する理想的な物体を**黒体**という．

図 9.2 のように，光をまったく通さない物質でできた物体の内部をくり貫いて空洞をつくり，この物体の表面に非常に小さな穴をあけると，この穴は黒体と同じ性質をもつ．この穴のところでは光は反射せず，すべて空洞内に取り込まれるからである．熱放射光の強さの波長分布が温度によってどのように変わるか調べるには，ふつうこのような空洞物体を利用する．

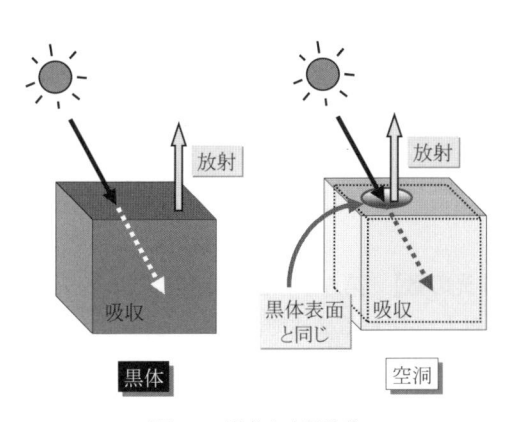

図 9.2 黒体と空洞物体

図 9.3 のように，空洞物体を絶対温度 $T(\mathrm{K})$ の恒温槽に入れて熱平衡状態にする．このとき空洞物体の内部では，空洞内壁が熱放射によって出す光と内壁によって再び吸収する光の強さが同じになる．そして温度 T の空洞内壁とエネルギーのやり取りをしながら熱平衡状態を保つ光の波が空洞を満たす．

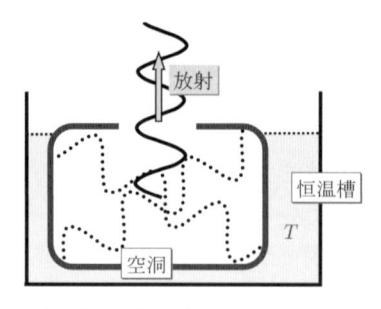

図 9.3 空洞物体を恒温槽に入れて熱平衡状態にする

空洞物体にあけた小さな穴から出てくる光の強さと光の波長の関係を調べると，図 9.4 のような山型の熱放射光の分布が得られる．山型分布のピークの波長は，温度 T が高いほど小さい値になる．このような光の強さの分布がどうして現れるか考えてみよう．

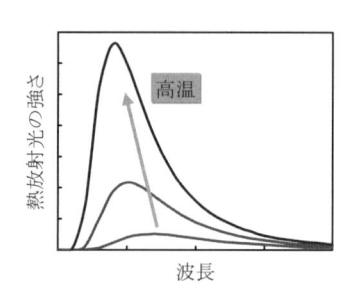

図 9.4 熱放射光の強さの分布

【空洞内を満たす光の数】 第 5 章 5.2 節で考えたように，光は電場と磁場が進行方向と垂直に振動して伝わる横波である．空洞を満たす光は進みももどりもせず，空洞の大きさで決まるいくつかの振動数の波に限られる．このような波を**定常波**という．では，空洞内の光はどんな振動数の定常波になるだろう．定常波の振動数を弦で考えてみよう．

図 9.5 は，長さ $L(\mathrm{m})$ の弦に生じる定常波を描いたものである．いろいろな定常波が存在できるが，弦の端には必ず定常波の**節**がある．つまり振動の変位が 0 になっている．そして，定常波の変位が大きい部分すなわち**腹**の数は $1, 2, 3, \cdots$ のようになる．そこで腹の数を n で表すと，この条件はつぎのように表すこと

9.1 温度と光

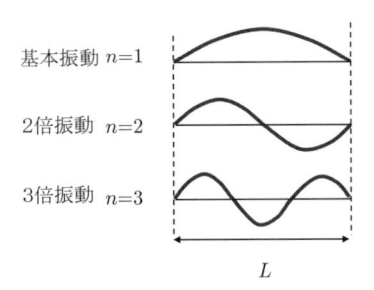

図 9.5 弦の定常波

基本振動 $n=1$
2倍振動 $n=2$
3倍振動 $n=3$

ができる．

$$1 \times \frac{\lambda}{2} = L, \quad 2 \times \frac{\lambda}{2} = L, \quad 3 \times \frac{\lambda}{2} = L, \quad \cdots$$

これらの関係をまとめて一つの式で表すと，

$$n \times \frac{\lambda}{2} = L, \quad n = 1, 2, 3, \cdots$$

となる．これから波長 λ を求めるとつぎのようになる．

$$\lambda = \frac{2}{n} L \tag{9.1}$$

ここで求めた定常波の条件は 1 次元の波についてであるが，2 次元，3 次元でも同様である．太鼓をたたいたときに膜に生じる波は 2 次元の波であるが，2 次元の定常波が存在する条件も弦の場合と同じように求めることができる．

図 9.6 のように，一辺の長さ L の正方形の膜面に直交座標 x, y を定める．膜面に生じる波長 λ の定常波の腹の位置を点線で表している．波長の x, y 軸から

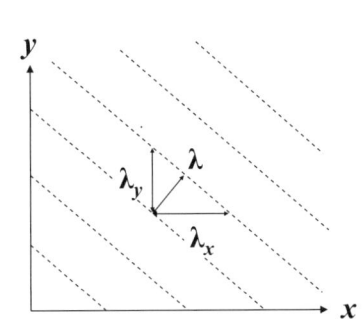

図 9.6 膜の定常波

見た波長をそれぞれ λ_x, λ_y とすると，

$$\lambda = \frac{1}{\sqrt{\frac{1}{\lambda_x^2} + \frac{1}{\lambda_y^2}}}$$

という関係がなりたつ．そして，x, y 方向の膜の長さを L とすれば λ_x, λ_y のそれぞれについて (9.1) 式と同様な関係がなりたつ．

$$\lambda_x = \frac{2}{n_x}L, \quad n_x = 1, 2, 3, \cdots$$

$$\lambda_y = \frac{2}{n_y}L, \quad n_y = 1, 2, 3, \cdots$$

したがって，太鼓の膜に生じるような 2 次元の定常波の波長はつぎのようになる．

$$\lambda = \frac{2L}{\sqrt{n_x^2 + n_y^2}} \tag{9.2}$$

3 次元の定常波についても同様で，一辺の長さが L の立方体の媒質に生じる定常波の波長はつぎのようになる．

$$\lambda = \frac{2L}{\sqrt{n_x^2 + n_y^2 + n_z^2}} \tag{9.3}$$

ところで，波の波長 $\lambda(\mathrm{m})$ と振動数 $f(\mathrm{Hz})$ にはつぎの関係がある[*]．

$$f = \frac{v}{\lambda}, \quad v(\mathrm{m/s}) : 波の速さ$$

したがって，(9.3) 式を振動数で表すとつぎのようになる．

$$f = \frac{Nv}{2L} \tag{9.4}$$

ただし，

$$N = \sqrt{n_x^2 + n_y^2 + n_z^2}$$

と置いた．

　空洞に生じる光の定常波は 3 次元の波であるから，(9.3) 式の波長または (9.4) 式の振動数の波に限られる．では，この条件を満たす定常波はいくつあるだろう．n_x, n_y, n_z は整数の値をとるが，これらがある値 n_x, n_y, n_z から $n_x + \Delta n_x, n_y + \Delta n_y, n_z + \Delta n_z$ の範囲にあるような定常波の数は，

---

[*] 第 8 章 133 ページ (8.6) 式参照．

9.1 温度と光

$$\frac{1}{8} \times 4\pi N^2 \Delta N \tag{9.5}$$

通りある．この式に 1/8 を掛けているのは，n_x, n_y, n_z がすべて正になるような組み合わせが，すべての組み合わせの 1/8 通りあるからである．

(9.4) 式からわかるように，f が Δf 変化すると，N は，

$$\Delta N = \frac{2L}{v}\Delta f$$

だけ変化するので，(9.5) 式はつぎのように書き換えられる．

$$\frac{1}{8} \times 4\pi N^2 \Delta N = \frac{1}{8} \times 4\pi \frac{4L^2}{v^2} f^2 \frac{2L}{v}\Delta f = \frac{4\pi L^3}{v^3} f^2 \Delta f = \frac{4\pi V}{v^3} f^2 \Delta f \tag{9.6}$$

$V = L^3 (\mathrm{m}^3)$ は空洞の体積である．光の波長は $0.1(\mu\mathrm{m})$ 程度なので，実際の空洞の大きさにくらべてはるかに小さい．このような場合には，(9.6) 式は空洞の形には関係なくなりたつので，L^3 を空洞の形が立方体の体積で書き換えた．

光は電場と磁場 2 種類の振動が伝わる横波であるから，光の波は波 2 つ分に相当する．したがって，光波ひとつを波 2 つ分と数えて (9.6) 式を書き換えるとつぎのようになる．

$$\frac{8\pi V}{c^3} f^2 \Delta f \tag{9.7}$$

ただし，波の速度 $v(\mathrm{m/s})$ を真空中の光の速度 $c(\mathrm{m/s})$ で置き換えた．(9.7) 式は，振動数が $f(\mathrm{Hz}) \sim f + \Delta f(\mathrm{Hz})$ の間にある波の数である．

定常波を生じる媒質の振動は**固有振動**と呼ばれる．したがって，(9.7) 式は固有振動の数ということになる．

【レイリー-ジーンズの熱放射】 では，いよいよ熱放射光の強さを求めてみよう．光の強さはエネルギーに比例する．したがって，空洞内で熱平衡状態を保つ光の固有振動ひとつあたりの平均エネルギーを求め，(9.7) 式で表される数に掛ければ空洞内を満たす光の強さが求められる．このとき，平均エネルギーと温度の関係をどう考えるかによって，熱放射光の強さと振動数の関係は違ったものになる．ここでは，熱放射についての2つの理論をとりあげて，実際の熱放射分布とくらべてみよう．

空洞を満たす電場や磁場の固有振動をバネでつるしたおもりの振動で置き換えると考えやすい．媒質の振動をバネとおもりの振動で置き換えたものを**振動**

子という．第6章6.3節で考えたように，温度 T で熱平衡状態にある気体分子の平均運動エネルギーは，$(3/2)kT$ で絶対温度に比例する．これをもっと厳密にいえば，3次元運動する分子の1自由度あたりの平均エネルギーは $(1/2)kT$ である．温度 T の空洞内壁とエネルギーを交換する振動子の運動エネルギーと位置エネルギーそれぞれの平均も $(1/2)kT$ であり，それらの合計が振動子の平均エネルギーになる．

そこで，光波の振動子がもつ平均エネルギーを kT とると，空洞内の光の強さはつぎのようになる．

$$E(f)\Delta f = \frac{8\pi kTV}{c^3} f^2 \Delta f \tag{9.8}$$

$E(f)$ は振動数が f(Hz) の放射エネルギーを表し，**熱放射のエネルギースペクトル**と呼ばれる．すなわち，

$$E(f) = \frac{8\pi kTV}{c^3} f^2 \tag{9.9}$$

これが，レイリー-ジーンズが考えた熱放射の法則である．$E(f)$ は熱放射の強さに対応するので，実際の熱放射の強さとグラフにして比較すると図9.7のようになる．

このグラフを見てすぐわかるように，点線で表したレイリー-ジーンズの熱放射のエネルギースペクトル (9.9) ではピークが現れず，実際の熱放射とあわない．レイリー-ジーンズの熱放射は19世紀までに知られていた物理学の知識にもとづくものであったが，そのような考え方には限界があった．この限界を超える新しい考えはプランクによって生み出された．

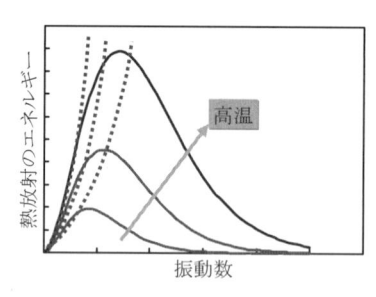

図9.7 レイリー-ジーンズの熱放射(点線)と実際の熱放射(実線)

【プランクの熱放射】 プランクは振動子のエネルギーについて，レイリー-ジーンズの理論とはまったく違う仮説をたてた．すなわち，振動数 f(Hz) の光波の振動子が空洞の壁から受け取ったり，反対に与えたりするエネルギーは，

$$hf, 2hf, 3hf, \cdots, nhf, \cdots \quad (n = 1, 2, 3, \cdots)$$

というふうに，とびとびに不連続な値しか許されないと仮定したのである．h はプランクが導入した定数で**プランク定数**と呼ばれ，つぎの値である．

$$h = 6.6260755 \times 10^{-34} (\mathrm{Js})$$

このように仮定すると，温度 T の空洞で熱平衡状態にある振動子の平均エネルギーは，

$$\frac{hf}{e^{hf/kT} - 1} \tag{9.10}$$

となる．(9.10) 式を (9.7) 式に掛けて熱放射のエネルギースペクトル $E(f)$ を求めると，つぎのようになる．

$$E(f) = \frac{8\pi V}{c^3} \cdot \frac{hf^3}{e^{hf/kT} - 1} \tag{9.11}$$

これをグラフに描くと図 9.8 のようになり，図 9.7 に示した実際の熱放射と同じ形になることがわかる．また，温度を変えたときには，実際の熱放射と同じようにピークの振動数が変わる．

問 9.1 (9.11) 式をグラフに描き，図 9.8 と同じ形になることを確かめよ．また温度が高くなると，グラフのピークが高い振動数の方へ移動することも確かめよ．ただし，この式の定数には計算しやすいように適当な値を用いよ．

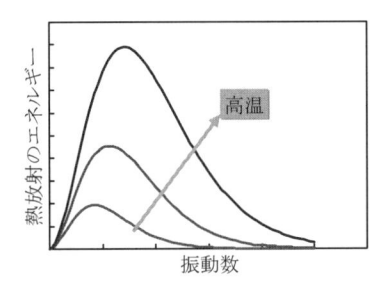

図 **9.8** プランクの熱放射

【ウィーンの変位則】 プランクの熱放射エネルギースペクトルのピークの振動数と温度の関係を，(9.11) 式から計算して求めると，

$$\frac{hf}{kT} \doteqdot 4.965$$

となる．振動数を波長になおすとつぎの式が得られる．

$$\lambda_m T = 2.898 \times 10^{-3} (\mathrm{mK}) \tag{9.12}$$

この式は，プランクが熱放射の式を理論的に考え出す前から知られていた**ウィーンの変位則**と同じ式である．

♦**例題 9.1** 太陽表面の熱放射を調べたところ最も強い色の光の波長は $0.475(\mu m)$ だった．太陽からの放射を黒体放射とみなして，太陽表面の温度を求めよ．

解答 ウィーンの変位則 (9.12) に $\lambda_m = 0.475 \times 10^{-6} (\mathrm{m})$ を代入すると，つぎのようになる．

$$T = \frac{2.898 \times 10^{-3}}{\lambda_m} = \frac{2.898 \times 10^{-3}}{0.475 \times 10^{-6}} \doteqdot 6100 (\mathrm{K}) \qquad ♦$$

問 9.2 黒体の温度が $1450(\mathrm{K})$ のとき放射される光の強さが最大になる波長を求めよ．

9.2 光の粒子性

【光電効果】 プランクの熱放射理論で画期的だったのは，光波が空洞物体の壁を構成する原子とエネルギーのやり取りをするときに，hf の整数倍というとびとびの値でしかエネルギーのやり取りができないと仮定したことだった．この仮説に注目し，しかも空間を伝わるときの光のエネルギーにまで踏み込んで考えたのが，有名なアインシュタインである．彼は，光が原子とエネルギーのやり取りをするときだけでなく，空間を伝わるときにもエネルギーはとびとびの値をもつと考えたのである．

1887 年に，ヘルツが放電現象の研究から**光電効果**という現象を発見した．この現象についてレーナルトらが詳しく調べたところ，光が波だと考える限りこの現象の特徴をうまく説明できないことがわかった．ところがアインシュタインは，光が 1 粒のエネルギーが hf の粒子であるとすれば，この現象が見事に説明できることを 1905 年に発表した．光の本性が粒子か波かという，ニュート

ン以来の論争は19世紀に決着し，光が明らかに波の性質を示すことが実験的に明らかにされていた．また，マクスウェルの方程式によって光の波動性は理論的にも示される．そのような科学認識があるときに，光が粒子であるという説は人騒がせであるが，それが真理であることが次第にはっきりしてくることになる．この光の粒子は**光子**と呼ばれる．

問 9.3 振動数が7.5×10^{14}(Hz) の光について光子1個のエネルギーを求めよ．ただし，プランク定数を6.626×10^{-34}(Js) とする．

図 9.9 光電効果

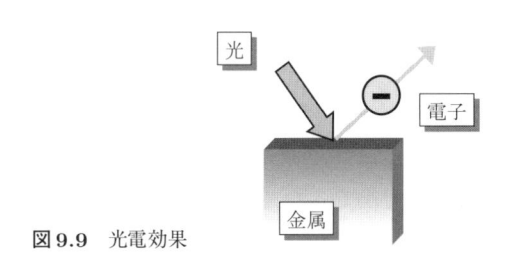

では，光電効果とは，どんな現象だろうか．それは図9.9に示したように光を金属に当てると金属から電子が飛び出すという現象である．レーナルトが明らかにしたこの現象の特徴をまとめるとつぎのようになる．f(Hz) は光の振動数で，f_0(Hz) は金属ごとに特有なある値である．

1. $f > f_0$ の光を照射したときだけ金属から電子が出る．
2. $f > f_0$ のとき放出電子の数は光が強いほど多い．
3. 金属から出る電子のエネルギーはfが大きいほど大きい．

【光子による光電効果の説明】 金属内部の電子には2通りの種類がある．ひとつは金属を構成する原子に束縛されている電子で振動している．もうひとつは原子の束縛を離れて自由に動く電子で**自由電子**と呼ばれる．自由電子は金属の内部では自由に動くことができるが，金属の外へ飛び出すには何らかの方法でエネルギーをもらわなければならない．電子が金属から飛び出すのに必要なエネルギーの大きさのことを**仕事関数**という．光の粒子，すなわち光子が仕事関数よりも大きなエネルギーをもつとき，図9.10のように電子を金属内から弾き飛ばす．これは，ビリヤードで球が球を弾き飛ばすようなものである．

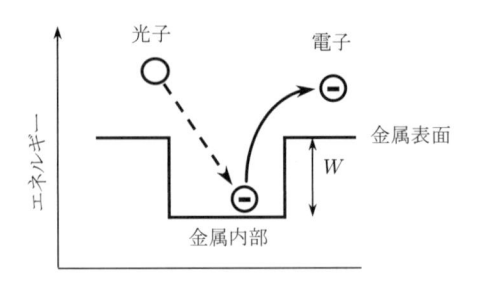

図 9.10 光電効果の仕組み

金属から飛び出す電子のエネルギーを $E(\mathrm{J})$ とし，仕事関数を $W(\mathrm{J})$ とすると，この関係はつぎの式で表される．

$$E = hf - W \tag{9.13}$$

光電効果の特徴のところで出てきた f_0 は仕事関数 W とつぎのような関係になっている．

$$f_0 = \frac{W}{h}$$

すなわち，

$$W = hf_0 \tag{9.14}$$

である．

表 9.1 いくつかの金属の仕事関数の値

元素	Cs	Na	Al	W	Ni	Pt
仕事関数 (10^{-19} J)	3.40	4.41	6.86	7.29	8.25	9.05
仕事関数 (eV)	2.14	2.75	4.28	4.55	5.15	5.65

◆**例題 9.2** 仕事関数の値が $6.86 \times 10^{-19}(\mathrm{J})$ の金属に，振動数が $5.0 \times 10^{15}(\mathrm{Hz})$ の光を当てたら電子が飛び出した．この電子のエネルギーを求めよ．

解答 (9.13) 式 $E = hf - W$ に $f = 5.0 \times 10^{15}(\mathrm{Hz})$, $W = 6.86 \times 10^{-19}(\mathrm{J})$ を代入する．ただし，$h = 6.6260755 \times 10^{-34} \fallingdotseq 6.626 \times 10^{-34}(\mathrm{Js})$ として計算してみる．

$$E = 6.626 \times 10^{-34} \times 5.0 \times 10^{15} - 6.86 \times 10^{-19}$$
$$= 33.13 \times 10^{-19} - 6.86 \times 10^{-19} \fallingdotseq 2.6 \times 10^{-18}(\mathrm{J})$$

したがって金属から飛び出した電子のエネルギーは $2.6 \times 10^{-18}(\mathrm{J})$ である．◆

9.2 光の粒子性

参考 電子や原子などミクロな世界のエネルギーは eV という単位で表されることが多い．eV と J はつぎのような関係になっている．

$$1(\mathrm{eV}) = 1.602 \times 10^{-19}(\mathrm{J}), \quad 1(\mathrm{J}) = \frac{1}{1.602 \times 10^{-19}} = 6.242 \times 10^{18}(\mathrm{eV})$$

1.602×10^{-19} という値は，第3章3.2節でも登場した**電気素量** e である．上の例題の仕事関数 W や電子のエネルギー E を eV 単位で表すとつぎのようになる．

$$W = 6.86 \times 10^{-19} \times 6.242 \times 10^{18} \doteqdot 4.28(\mathrm{eV})$$
$$E = 2.6 \times 10^{-18} \times 6.242 \times 10^{18} \doteqdot 16(\mathrm{eV})$$

問 9.4 ある金属に振動数 $3.0 \times 10^{15}(\mathrm{Hz})$ の光をあてたら $1.64 \times 10^{-18}(\mathrm{J})$ のエネルギーをもつ電子が飛び出した．この金属の仕事関数は何 J になるか．プランク定数を $6.626 \times 10^{-34}(\mathrm{Js})$ として求めよ．

【光の二重性】 光を粒子と考えることによって，光電効果という現象が理解できるようになった．光電効果だけでなく，金属が X 線を散乱するときに現れる**コンプトン効果**と呼ばれる現象も，X 線という非常に波長の短い光が光子だとするとうまく説明できることがわかった．光電効果は光のエネルギーの粒子性に関係した現象であるが，コンプトン効果は光が粒子と同じように運動量をもつために現れる現象である．

質量 $m(\mathrm{kg})$ の粒子が速度 $v(\mathrm{m/s})$ で運動するとき，$p = mv(\mathrm{kg\,m/s})$ を**運動量**という．運動量 p は粒子の運動を数値化する物理量であるが，波長 $\lambda(\mathrm{m})$ の光が運動量

$$p = \frac{h}{\lambda}$$

をもつ光子と考えるのである．このような研究から，光が粒子の性質をもつことが間違いないと考えられるようになった．

第8章8.3節で考えたように，光が波の性質をもつことは実験で確かめられている．しかし，光が粒子の性質をもつことも間違いない．つまり，波であると同時に粒子でもあるというのが光なのである．これを光の**二重性**という．波としての光と粒子としての光をエネルギーの面から見てみるとつぎのようになる．

波のエネルギーは波の振幅の2乗に比例する．すなわち，振幅の大きな波ほど大きなエネルギーをもつ．津波のエネルギーは振幅の大きな波ほど大きいのである．つまり，振幅の大きな明るい光ほど，より大きなエネルギーをもつ．

一方,粒子性から見たときの光のエネルギーは,「光子1個のエネルギー (hf) × 光子の数」である.微小なエネルギーをもつ光子が多数集まると,強く明るい光になる.したがって,振幅の大きな明るい光波は,より多くの光子からなる光でもある.日常われわれが経験する光には膨大な数の光子が含まれている[*].

9.3 原子の仕組み

【トムソンの原子模型】 熱放射や光電効果の仕組みを明らかにするなかで,プランクやアインシュタインによって光の粒子性が明らかにされてきた.一方同じ頃に,X線や α 線, β 線および γ 線などの放射線の研究から,物質を構成する微小単位の原子がどんな構造になっているか調べられていた.

1897年に J.J. トムソンは,原子にはマイナスの電気をもつ電子が含まれていることを発見したが,原子が全体としては電気的に中性であることから,原子にはプラスの電気も存在すると考えた.そして,「プラム入りプディングモデル」と呼ばれる原子構造を提唱した.これは図9.11のようなもので,原子全体はプラスの電気を帯びて,その中にちょうど果物の種のようにマイナスの電気をもつ電子が分布しているというものである.

しかし,この原子構造モデルは不正確なものであることが,ラザフォードの研究によって明らかになった.

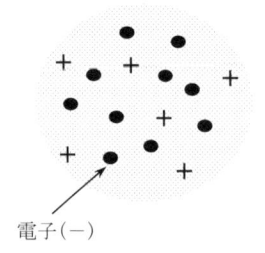

電子(−)　　　　　図 **9.11**　プラム入りプディングモデル

【ラザフォードの原子模型】 1911年,ラザフォードの研究室でラジウムから発生した α 線が金箔でどのように散乱されるか調べる実験が行われた. α 線とはヘリウム原子から放射される電子よりもはるかに重い粒子で,プラスの電気をもつ.

---

[*]演習問題9の問題3を参照.

9.3 原子の仕組み

　原子の大きさは半径が 10^{-10}(m) 程度であるが，トムソンの原子模型のように原子全体にプラスの電気が分布しているとすると，単位体積あたりのプラスの電気量が小さくなる．α 線を金箔に照射したとき，プラスの電気をもつ α 粒子と原子全体に広がっているプラスの電気の間に反発力がはたらくが，単位体積あたりのプラスの電気量が小さければ高速で衝突する α 粒子を跳ね返すことができない．

　ところが実験を行ってみると，多くの α 粒子は金箔を通り抜けるものの薄っぺらな金箔に跳ね返される α 粒子もあったのである．これは，ピストルから発射された弾丸がティシュペーパーに跳ね返されるようなもので，予想外の結果であった．

　この実験から推定されることは，金原子の単位体積に含まれるプラスの電気量が高速の α 粒子を跳ね返すほど大きいということである．すなわち金原子のプラスの電気は，トムソンの原子模型のように原子全体に広がっているのではなく，もっと狭い範囲に閉じ込められていると考えられるのである．ラザフォードらは，半径が 10^{-14}(m) 程度の範囲に閉じ込められていると結論した．これは原子全体の半径の 1/10000 の大きさである．原子の大きさを野球場の広さとするならば，プラスの電気が閉じ込められている範囲はパチンコ玉程度の大きさになる．

　この研究の結果からラザフォードらは，原子の構造はちょうど地球のような惑星が太陽の周りを回るように，中心にあるプラスの電気を帯びた原子核の周りを電子が回る構造をしていると考えた．

◆**例題 9.3**　金原子の正電荷がトムソン模型のように原子全体に広がっている場合について，単位体積あたりの電気量を求めよ．また，単位体積あたりの

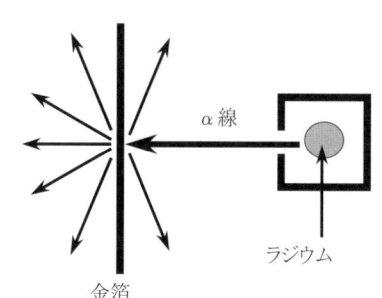

図 9.12　ラザフォードの α 粒子散乱実験

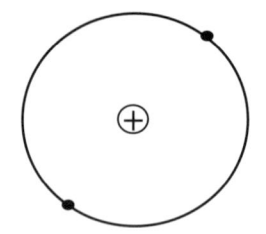

図 9.13 ラザフォードの惑星型原子モデル

電気量が $10^{25}(\mathrm{C/m^3})$ 程度のとき α 粒子が跳ね返されるとすると，プラスの電気は半径何 m の球領域に分布することになるか．ただし，原子の半径を $10^{-10}(\mathrm{m})$ とする．

解答 金原子は原子番号が 79 であるから，プラスの電気の総量 $Q(\mathrm{C})$ はつぎのようになる．
$$Q = 79e = 79 \times 1.602 \times 10^{-19} \fallingdotseq 1.27 \times 10^{-17}(\mathrm{C})$$

原子の半径を $r = 10^{-10}(\mathrm{m})$ とすると，トムソン模型の場合には単位体積あたりのプラスの電気量 $\rho(\mathrm{C/m^3})$ は，
$$\rho = \frac{Q}{\frac{4}{3}\pi r^3} = \frac{1.27 \times 10^{-17}}{\frac{4}{3} \times 3.14 \times (10^{-10})^3} = \frac{1.27 \times 3}{4 \times 3.14} \times 10^{-17+30} \fallingdotseq 3.0 \times 10^{12}(\mathrm{C/m^3})$$

となる．一方，$\rho \fallingdotseq 10^{25}$ のときプラスの電気が分布する領域の体積 $V(\mathrm{m^3})$ は，
$$V = \frac{Q}{10^{25}} = \frac{1.27 \times 10^{-17}}{10^{25}} = 1.27 \times 10^{-17-25} = 1.27 \times 10^{-42}(\mathrm{m^3})$$

である．したがって，この球領域の半径 $r'(\mathrm{m})$ は，
$$r' = \left(\frac{V}{\frac{4}{3}\pi}\right)^{\frac{1}{3}} = \left(\frac{1.27 \times 3}{4 \times 3.14} \times 10^{-42}\right)^{\frac{1}{3}} \fallingdotseq 6.7 \times 10^{-15}(\mathrm{m})$$

となる． ◆

【ラザフォード模型の問題点】 ラザフォードらの「惑星型原子モデル」は，「プラム入りプディングモデル」の問題点を克服した画期的なもののように思えた．しかし，この原子模型にも問題点があった．

電子が原子核の周りを回るようすを真横から見ると，ある範囲を往復運動するように見える．電子が往復運動するのは交流電流が流れているのと同様で，このような電子の運動によって電磁波が発生する[*]．放送局のアンテナに交流電

---
[*] 第 5 章 5.1 節参照．

流を流して電磁波を送るようなものである．したがって，ラザフォードの惑星型原子モデルは，電磁波すなわち光を放射することになる．

実際に原子は光を放射するがすべての振動数の光を放射するのではなく，とびとびに不連続な振動数の光を放射することが知られている．放射する光の振動数は水素やヘリウムなど元素の種類によってことなる．振動数ごとの光の強さのパターンは**スペクトル**と呼ばれる．水素やヘリウムなど元素のスペクトルのように不連続なものを**不連続スペクトル**という．それに対してとびとびでない連続な振動数の光の場合を**連続スペクトル**という．水素原子のスペクトルは図 9.14 のようになる．

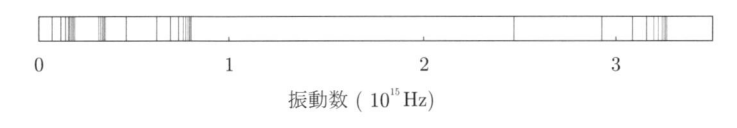

振動数 (10^{15} Hz)

図 **9.14** 水素原子のスペクトル

惑星型原子模型は，光を放射するという点では実際の現象と対応しており，正しいように思われる．しかし，回転運動する電子から放射される光は連続スペクトルである．また，電子が光を放射するとエネルギーを失うのでその運動エネルギーは次第に小さくなり，やがて中心の原子核に墜落することになる．そうすると原子は消滅するが，実際にはそんなことは起こらない．つまり，つぎの 2 点がラザフォードの「惑星型原子模型」の問題点であった．

1. 原子が連続スペクトルの光を放射する．
2. 電子の回転軌道は次第に小さくなる．

【ボーアの理論】 この問題に解答を与えたのはボーアである．ボーアはつぎのような仮説を提案した．

1. 電子の軌道半径は特定の値しかとれない．この特定の軌道上の運動を**定常状態**という．
2. 電子は定常状態から他の定常状態へ移るときに光を放射・吸収する．このとき光子 1 個を放射・吸収する．したがって，定常状態の間のエネルギーは hf である．

ひとつ目の仮定は，質量 m(kg) の電子が半径 r(m) の軌道を速度 v(m/s) で運動するとき，

$$mvr = n\frac{h}{2\pi} \quad n = 1, 2, 3, \cdots \quad (9.15)$$

という条件がなりたつというものである．h はプランク定数である．この条件は**ボーアの量子条件**と呼ばれる．この条件から，n 番目の定常状態にある電子のエネルギー E_n が導かれる．

$$E_n = -\frac{me^4}{8\epsilon_0^2 h^2}\frac{1}{n^2} \quad n = 1, 2, 3, \cdots \quad (9.16)$$

ここで，e は電子の電気量(電気素量)，ϵ_0 は真空の誘電率である．そして2つ目の仮定でアインシュタインの光子の概念を導入したのである．

♦**例題 9.4** (9.15) 式から (9.16) 式を導け．

解答 電子の運動方程式，エネルギーそしてボーアの量子条件はつぎのように表される．

$$\text{運動方程式}: m\frac{v^2}{r} = \frac{e^2}{4\pi\epsilon_0 r^2} \quad (9.17)$$

$$\text{エネルギー}: E = \frac{1}{2}mv^2 - \frac{e^2}{4\pi\epsilon_0 r} \quad (9.18)$$

$$\text{ボーアの量子条件}: v = \frac{h}{2\pi mr}n \quad (9.19)$$

(9.17) 式から得られる関係 $mv^2 = e^2/4\pi\epsilon_0 r$ を (9.18) 式に代入すると，エネルギー E は，

$$E = -\frac{e^2}{8\pi\epsilon_0 r}$$

となる．このエネルギーの式に (9.19) 式を (9.17) 式に代入して得られる関係，

$$\frac{1}{r} = \frac{\pi me^2}{\epsilon_0 h^2}\frac{1}{n^2}$$

を代入し，E を E_n と書けば (9.16) 式が得られる．♦

ボーアの仮説を認めると原子の不連続スペクトルを説明することができる．(9.16) 式を2つの定常状態 $n = n_1, n = n_2$ に適用すると，

$$hf = |E_{n_1} - E_{n_2}| \quad (9.20)$$

となる．そして，この式が図 9.14 に示した水素原子のスペクトルと一致することが確かめられたのである．

問 9.5 (9.16) 式を (9.20) 式に代入し，つぎの関係が得られることを確かめよ．

$$f = \frac{me^4}{8\epsilon_0^2 h^3} \left| \frac{1}{n_1^2} - \frac{1}{n_2^2} \right|$$

問 9.6 $me^4/8\epsilon_0^2 h^3 c$ を計算し，その値が**リュードベリ定数**$R_\infty = 1.0973731534 \times 10^7 (\mathrm{m}^{-1})$ と等しくなるかどうか確かめよ．

ボーアはラザフォードの原子模型の物理的意味を明確にするとともに，光子が原子の構造を考える上でも重要な意味をもつことを明らかにした．しかし，電子が (9.15) 式の条件で定常状態に拘束される理由ははっきりしなかった．この問題に対してド・ブロイが物理的イメージを提案した．

【電子も波である】 光が波と粒子の二重性をもつように，ド・ブロイは粒子である電子が波の性質をもつという，驚くべき仮説を提案した．電子の波は，光子と同じようにつぎのようなエネルギー E と運動量 p をもつと考えたのである．

$$E = hf \tag{9.21}$$
$$p = \frac{h}{\lambda} \tag{9.22}$$

ボーアの量子条件 (9.15) は，

$$mv = \frac{nh}{2\pi r}$$

と書き換えられるが，この式の左辺 mv は運動量であるから (9.22) 式の左辺 p に等しい．したがって，(9.22) 式はつぎのようなる．

$$\frac{h}{\lambda} = \frac{nh}{2\pi r}, \qquad \therefore 2\pi r = n\lambda \tag{9.23}$$

$2\pi r$ が電子の軌道の円周を表すことに注目すると，(9.23) 式は図 9.15 に示したように，波長 λ の波が軌道上に定常波として存在する条件を表している．このように，電子を波と考えることによって，ボーアが提案した定常状態に電子が安定に存在することの，物理的なイメージが描けるようになったのである．ド・ブロイが導入した電子の波を**物質波**という．

こうして，電子は波の性質ももつことが明らかになったが，物質波がどのように伝わるかとか，物質波の伝わり方を表す関数の物理的意味などについては，さらにシュレーディンガーやハイゼンベルクといった物理学者たちによって考

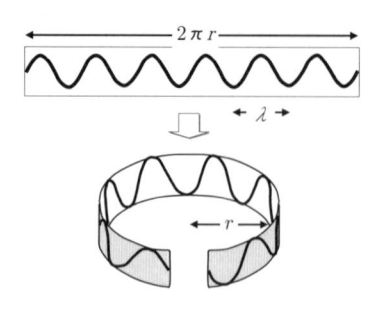

図 9.15 電子の波と量子条件

えられた．その理論体系は**量子力学**と呼ばれ，今日でもまだ不明な点が残されている物理学の学問分野である．

演習問題 9

1. 温度が $6000(℃)$ の黒体が放射する光の中で最も明るい色は何色か．下の図を参考にして答えよ．

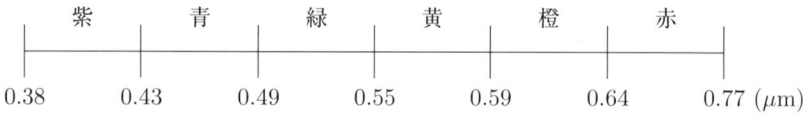

   | 紫 | 青 | 緑 | 黄 | 橙 | 赤 |

   0.38　　0.43　　0.49　　0.55　　0.59　　0.64　　0.77 (μm)

2. 1円玉が $1(m)$ の高さから自由落下して床にぶつかるときの運動エネルギーは，赤い光の光子1個のエネルギーの何倍になるか．ただし，1円玉の質量は $1(g)$，赤い光の波長は $0.7(\mu m)$ とする．

3. 振動数 $6.0 \times 10^{14}(Hz)$ で $1(W)$ の光を出している光源がある．この光源は毎秒何個の光子を放出しているか．ただし，$1(W) = 1(J/s)$ である．

4. ある金属に振動数 $2 \times 10^{15}(Hz)$ の光を当てたところ $5 \times 10^{-19}(J)$ のエネルギーをもつ電子が飛び出した．表9.1を参考にしてこの金属の種類を推定せよ．

5. 水素原子のスペクトルはつぎの実験式で表される．

$$f = cR_\infty \left(\frac{1}{n^2} - \frac{1}{n'^2} \right)$$

$$n = 1, 2, 3, \cdots$$

$$n' = n+1, n+2, n+3, \cdots$$

$n=1, n'=2,3,4$ について上の式を計算し，図 9.14 と比較せよ．ただし，f は振動数，c は真空中の光の速さ，R_∞ はリュードベリ定数である．

問題解答

第 1 章

問 1.1 4 分 10 秒. **問 1.2** (1) 2(m/s) (2) 0. **問 1.3** 36(m/s).
問 1.4 P 点. **問 1.5** $\{(5+20) \times 6\}/2 = 75$(m).
問 1.6 積分 $\int_0^4 (5t+2)dt = 48$(m), 面積公式 $\{(2+22) \times 4\}/2 = 48$(m).
問 1.7 $\vec{r}$ は原点から C へ, $\overrightarrow{\Delta r}$ は A から C へのベクトル (図省略).
問 1.8 鉛直方向から 45°水平方向へずれた方向.
問 1.9 (1) m^3 (2) kg/ms^2 または N/m^2.

演習問題 1

1. 20(m/s). 2. 62(m). 3. 100(m).
4. 大きさが $5\sqrt{2} \fallingdotseq 7$(m) で北西方向を向く.
5. 20(km), 北東の方向.
6. 10 分 25 秒.

第 2 章

問 2.1 電車の先頭から 10(m). **問 2.2** 電車の進行方向に 900(m).
問 2.3 (1) 0 (2) 5. **問 2.4** 44.2(m/s). **問 2.5** 155(N). **問 2.6** 省略.
問 2.7 省略. **問 2.8** 省略. **問 2.9** 42(kg). **問 2.10** 0(m/s), 20.8(m).
問 2.11 7.9×10^3(m/s). **問 2.12** 2.4×10^{-7}(N), 2.4×10^{-5}(g).
問 2.13 約 14(s), 280(m).

演習問題 2

1. 先にゴールする. 約 22(m).
2. 鉛直上向きを正方向とすると, $ma = -mg + ma_0$, 9.8(m/s^2) 以上.
3. F_2, F_3 が力のつりあい, F_1, F_2 が作用反作用の関係.
4. $\Delta v = \int_0^t (-9.8)dt = -9.8t$(m/s), $\Delta y = \int_0^t (4.9 - 9.8t)dt = 4.9t - 4.9t^2$(m).
5. 高さ約 1.2(m), 落下地点までの距離 $4.9\sqrt{3}$(m) $\fallingdotseq$ 8.5(m). 6. 約 95(m).

第 3 章

問 3.1 3.6(N) の引力. 370(g). **問 3.2** 0.006(N). **問 3.3** 省略.

問 **3.4** 省略.   問 **3.5** (1) $q = mg/E$ (2) 7(個).   問 **3.6** 1.2×10^{-6}(A).
問 **3.7** 6.0×10^{-3}(A)=6(mA).   問 **3.8** 60(N/C).
問 **3.9** (1) 面 A 内の電気量は 0. これを考慮して面 B にガウスの法則を適用する.
(2) 2つの平面電荷がつくる電気力線は数が同じで向きだけが異なる. したがって, 2枚の平面電荷を平行に並べるとそれらの間の電気力線の数は 2倍になる. 外側では同じ数で向きが反対の電気力線が存在する.

演習問題 3

1. 5(cm).
2. $mv\dfrac{dv}{dx} = \dfrac{qQ}{4\pi\epsilon_0 x^2}$ を定積分すると, $\dfrac{1}{2}mv^2 - \dfrac{1}{2}mv_0^2 = -\dfrac{qQ}{4\pi\epsilon_0 r} + \dfrac{qQ}{4\pi\epsilon_0 r_0}$.
   $E = \dfrac{1}{2}mv_0^2 + \dfrac{qQ}{4\pi\epsilon_0 r_0}$ とすると, $\dfrac{1}{2}mv^2 = -\dfrac{qQ}{4\pi\epsilon_0 r} + E$. これから v を求める.
3. (1) 電気力線方向の加速度の大きさは eE/m であるから, $L_1 = eED_1^2/2mv_0^2$.
   (2) $\dfrac{eE}{m}\dfrac{D_1}{v_0}$ で等速運動するから $L_2 = eED_1D_2/mv_0^2$.
   (3) $\dfrac{e}{m} = \dfrac{2v_0^2(L_1 + L_2)}{ED_1(D_1 + 2D_2)}$.
4. (1) $q = kv_s/E$ (2) 各プラスチック球の電気量の差は表のようになる. これから, 電気量の最小の増加量が 1.6×10^{-19}(C) であることが推定できる.

球 2-球 1	球 3-球 1	球 4-球 1	球 5-球 1
1.63×10^{-19}	3.24×10^{-19}	6.38×10^{-19}	7.97×10^{-19}
球 3-球 2	球 4-球 2	球 5-球 2	
1.61×10^{-19}	4.75×10^{-19}	6.34×10^{-19}	
球 4-球 3	球 5-球 3		
3.14×10^{-19}	4.73×10^{-19}		
球 5-球 4			
1.59×10^{-19}			

5. 0.1(m) のとき 2.3(N/C), 2.0(m) のとき 0.05(N/C).
6. 電気を帯びた円柱と同心で半径 0.25(m), 高さ L(m) の円柱を考え, ガウスの法則を適用し電場を求める. 求めた電場から $F = qE = 2$(N).

第 4 章

問 **4.1** 3.91(N) の引力.   問 **4.2** 省略.   問 **4.3** 0.3(N).   問 **4.4** 1.0(N).
問 **4.5** 銅線の巻き数を多くする. 大きな電流を流す.
問 **4.6** 1.3×10^{-3}(N), 鉛直上向き.

演習問題 4

1. 片方の磁石の N, S 極それぞれに, もう一方の磁石の N, S 極それぞれからはたらく力を求め, 力の向きを考慮して足し合わせる. 2.6×10^{-3}(N).

2. $H = \dfrac{Q_m}{4\pi\mu_0}\left\{\dfrac{1}{D^2} - \dfrac{1}{(D+L)^2}\right\} \doteqdot \dfrac{Q_m}{4\pi\mu_0}\left\{\dfrac{1}{D^2} - \left(\dfrac{1}{D^2} - 2\dfrac{L}{D^3}\right)\right\} = \dfrac{Q_m}{2\pi\mu_0}\dfrac{L}{D^3}$.

3. 磁針は地球磁場の方向に対して $45°$ 傾くから，地球磁場と棒磁石が磁針に及ぼす力は等しい．$H = \dfrac{1.0 \times 10^{-4}}{4\pi\mu_0}\left(\dfrac{1}{0.4^2} - \dfrac{1}{0.6^2}\right) \doteqdot 22\,(\text{N/Wb})$.

4. 銅管の中心線上に中心をもつ半径 r(m) の円を考え，アンペールの法則を適用する．$r<a$ のとき $H=0$，$r>a$ のとき $H=I/2\pi r$．

5. (1) $ma = qv\mu_0 H - mg$ (2) $53\,(\text{m/s}^2)$ (3) $3.1\,(\text{m})$.

第 5 章

問 5.1 省略．

問 5.2 $V = 0.9c$ のとき $x' \doteqdot 2.3(x - 0.9ct) = 2.3(x - Vt)$．$V = 0.01c$ のとき $x' \doteqdot x - 0.01ct = x - Vt$．

問 5.3 省略． **問 5.4** 省略． **問 5.5** 乗り物についての計算は省略．約 0.87 倍．

演習問題 5

1. 省略． 2. $\sqrt{3}/2$ 倍． 3. 40%．
4. 地上から見て l_0(m) の距離を，速さ $0.8c$(m/s) で落下するミューオンから見ると $l = l_0\sqrt{1-(0.8c/c)^2} = 0.6l_0$(m) に見える．ミューオンから見ると $l = 2.2 \times 10^{-6} \times 0.8 \times 3.0 \times 10^8$(m) であるから，$l_0 = l/0.6 = 880$(m)．

第 6 章

問 6.1 $-1\,(-100\%)$，約 $-0.0005\,(-0.05\%)$． **問 6.2** (6.1) 式より 4.5×10^{-23}(J)．

問 6.3 力学的エネルギーは滑り始めが $mgh = 588$(J)，滑り降りたとき $(1/2)mv^2 = 10v^2$(J) であるから，力学的エネルギー保存則より約 7.7(m/s) となる．

問 6.4 0.016(J)． **問 6.5** 3.0(s)，2.0×10^{-4}(s)． **問 6.6** 6.0×10^{-20}(N)．

問 6.7 10 倍． **問 6.8** 4 倍． **問 6.9** 約 1.4 倍． **問 6.10** $\dfrac{1}{3}$ 倍．

問 6.11 約 3(mol)． **問 6.12** 約 139(℃)． **問 6.13** 4.78×10^2(m/s)．

演習問題 6

1. 人：30(J)，飛行機：9×10^8(J)，分子：1.6×10^{-20}(J)．
2. 0.98(J) 減少．
3. (6.9) 式から分子がふたに及ぼす力ははじめ $2m\dfrac{1000^2}{0.1}$ である．分子の速度が 2000(m/s) になったときふたの位置が L(m) になったとすると，分子がふたに及ぼす力は $2m\dfrac{2000^2}{L}$ になる．圧力は一定なので，ふたの面積を $S(\text{m}^2)$ とすると，$m\dfrac{1000^2}{0.1S} = m\dfrac{2000^2}{LS}$．　∴ $L = 0.4$(m)．

4. $T = \dfrac{mv^2}{3k} = 900(\mathrm{K})$, ∴ 627 ℃.
5. 省略.   6. 省略.
7. $n = 20$ であるから, $V = \dfrac{nRT}{P} \doteqdot 0.33(\mathrm{m}^3)$.

第 7 章
問 7.1 32(kcal).   **問 7.2** 約 0.36(K).
問 7.3 粘土の内部エネルギーを増大させる．増えた内部エネルギーはやがて熱に変換されて大気中に放出される．
問 7.4 財布の中にある金額が内部エネルギーなどを状態量，収入や支出を熱や仕事にたとえる．
問 7.5 $(3/2)N_A k\Delta T \doteqdot 1247(\mathrm{J})$.
問 7.6 20(℃) と 65(℃) の熱源：$\eta_{c_1} \doteqdot 0.13$, -20(℃) と 25(℃) の熱源：$\eta_{c_2} \doteqdot 0.15$.
∴ $\eta_{c_2} > \eta_{c_1}$.
問 7.7 $\eta_c \doteqdot 0.72$, $\eta \doteqdot 0.58$.

演習問題 7
1. $\Delta U = W$, $\Delta U = (3/2)Nk\Delta T$, $N = nN_A$ より約 0.3(K) 上昇する．
2. 1 回目の実験では滑車に摩擦が無いので $W = \Delta U$. 2 回目は水温が 1 回目と同じだけ上昇したので ΔU は 1 回目と同じ．約 23(cal).
3. $Q = (\Delta U - W)/J \doteqdot 285(\mathrm{cal})$.
4. 省略.
5. カルノーサイクルを理想的なエンジンとして考えよ．
6. 実際の熱機関が高温熱源から無駄に取り込む熱量を h(cal) とすると, $\eta = w/J(Q_c + h) < w/JQ_c = \eta_c$.

第 8 章
問 8.1 約 2.20(m).
問 8.2 光線が P 点に戻るとき，鏡 B への入射角が 90° なので，鏡 A への入射角は 45°.
問 8.3 $\sin\theta_1 = \dfrac{n_2 \sin\theta_2}{n_1} = \dfrac{1.0 \times \sin 90°}{2.0} = \dfrac{1}{2}$. ∴ $\theta_1 = 30°$.
問 8.4 (1) $\lambda = 4(\mathrm{m})$, $v = 10(\mathrm{m/s})$, $f = v/\lambda = 2.5(\mathrm{Hz})$, $T = 1/f = 0.4(\mathrm{s})$.
(2) $y = 5\sin\pi\left(\dfrac{x}{2} - 5t\right)$.
(3) $y = 5\sin(\pi/6) = 2.5(\mathrm{m})$.
(4) $y = 5\sin(5\pi - \pi/2) = 5(\mathrm{m})$.
(5) -0.5π.   (6) 省略.   (7) 省略.
問 8.5 $\omega = \pm\dfrac{2\pi}{T} = 2\pi f$, $\theta = 2\pi\dfrac{x}{\lambda}$.   **問 8.6** 0.4(m).

問 8.7　AM 波と FM 波の周波数を調べ波長の違いを考えよ．
問 8.8　6.35(mm)．
問 8.9　$83°\ (m=7),\ 52°\ (m=8),\ 28°\ (m=9)$．
問 8.10　$d = \lambda_0 m/2n = 2.0 \times 10^{-7} m$(m)．$m=1$ のとき d はもっとも小さい．
　　　　$\therefore 2 \times 10^{-7}(m)=0.2(\mu$m$)$．

演習問題 8

1. 0.18(m)．
2. 光学距離 $L = n\sqrt{a^2 + c^2} + n\sqrt{b^2 + c^2} = n\{\sqrt{a^2+c^2} + \sqrt{(d-a)^2+c^2}\}$．
$$\frac{dL}{da} = n\left\{\frac{a}{\sqrt{a^2+c^2}} - \frac{(d-a)}{\sqrt{(d-a)^2+c^2}}\right\} = n(\sin\theta_1 - \sin\theta_2) = 0.$$
$\therefore \sin\theta_1 = \sin\theta_2$．$\therefore \theta_1 = \theta_2$．
3. $90°$．
4. 約 $25°$．臨界角が小さいので全反射が起こりやすい．
5. $d = L\lambda/(x_{i+1} - x_i) = 38(\mu$m$)$．
6. (1) 屈折の法則より，$\sin\theta = \dfrac{1}{\sqrt{3}}\sin 60° = \dfrac{1}{2}$．三角関数の公式 $\cos^2\theta = 1 - \sin^2\theta$ を用いると，$\cos\theta = \dfrac{\sqrt{3}}{2}$．

   (2) $\lambda_0 = \dfrac{2nd\cos\theta}{m + \dfrac{1}{2}}$ のとき強め合う．$m = 0, 1, 2, 3, \cdots$ を代入したときの波長が可視光の範囲に入るものを求める．
   $\therefore 6.0 \times 10^{-7}(m)=0.6(\mu$m$),\ (m=0)$．
7. 光波は水中で AC を進む間に空気中を BD 進む．AC<BD であるから，水中では速さが減少する．

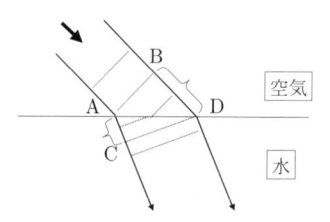

第 9 章

問 9.1　省略．　問 9.2　$2.0(\mu$m$)$．　問 9.3　5.0×10^{-19}(J)．
問 9.4　$W = hf - E \doteqdot 3.48 \times 10^{-19}$(J)．　問 9.5　省略．　問 9.6　省略．

演習問題 9

1. ウィーンの変位則より $\lambda_m = 0.462(\mu$m$)$ であるから，青色．
2. 1 円玉が 1(m) の高さから落下して床にぶつかるときの運動エネルギーは $\dfrac{1}{2}mv^2 \doteqdot 9.8 \times 10^{-3}$(J)．赤い光の振動数は $f = \dfrac{c}{\lambda} \doteqdot 4.29 \times 10^{14}$(Hz) であるから，光子 1 個のエネルギーは $hf \doteqdot 2.8 \times 10^{-19}$(J)．$\therefore 3.5 \times 10^{16}$ 倍．
3. 光子 1 個のエネルギーは $hf \doteqdot 3.98 \times 10^{-19}$(J) であるから，1(W)= 1(J/s) の光

に含まれる光子の数は $\dfrac{1}{3.98 \times 10^{-19}} \doteqdot 2.5 \times 10^{18}$. 毎秒 2.5×10^{18} 個の光子を放出している.

4. $W = hf - E = 8.252 \times 10^{-19}\,(\mathrm{J})$ となるから, この金属はニッケル Ni であると推定される.

5. $f_{n'=2} = 2.47 \times 10^{15}\,(\mathrm{Hz})$, $f_{n'=3} = 2.92 \times 10^{15}\,(\mathrm{Hz})$, $f_{n'=4} = 3.08 \times 10^{15}\,(\mathrm{Hz})$.

付　　録

物理定数

定数名	記号	数値	単位
万有引力定数	G	6.67259×10^{-11}	Nm^2/kg^2
真空中の光の速さ	c	2.99792458×10^8	m/s
真空の誘電率	ϵ_0	$8.854187817 \times 10^{-12}$	$C^2/Nm^2 (=F/m)$
真空の透磁率	μ_0	$1.25663706 \times 10^{-6}$	$Wb^2/Nm^2 (=H/m)$
電子の質量	m_e	$9.1093897 \times 10^{-31}$	kg
陽子の質量	m_p	$1.6726231 \times 10^{-27}$	kg
電気素量	e	$1.60217733 \times 10^{-19}$	C
電子の比電荷	e/m	1.7588196×10^{11}	C/kg
気体定数	R	8.314510	J/mol·K
0℃の絶対温度		273.15	K
熱の仕事当量	J	4.1855	J/cal
アボガドロ定数	N_A	6.0221367×10^{23}	mol^{-1}
プランク定数	h	$6.6260755 \times 10^{-34}$	Js
ボルツマン定数	k	1.380658×10^{-23}	J/K
リュードベリ定数	R_∞	1.0973731534×10^7	m^{-1}
ボーア半径	a_0	$5.29177249 \times 10^{-11}$	m
地球の質量		5.974×10^{24}	kg
地球の赤道半径		6.378×10^6	m

国際単位（SI）と記号

基本単位

物理量	単位	単位の読み方	記号
長さ (位置，変位)	m	メートル	$l, L, x, y, z, \cdots$
質量	kg	キログラム	m, M
時間	s	秒	t
電流	A	アンペア	i, I
熱力学的温度	K	ケルビン	T
物質量 (モル数)	mol	モル	n
光度	cd	カンデラ	I

補助単位

物理量	単位	単位の読み方	よく使われる記号
角	rad	ラジアン	$\alpha, \beta, \theta, \cdots$
立体角	sr	ステラジアン	Ω

主な組立単位と記号

物理量	基本単位による表現	単位記号	単位記号の読み方	よく使われる記号
速度	m/s			v, V
加速度	m/s^2			a
角速度	rad/s^2			ω
運動量	kg·m/s^2			p, P
角運動量	kgm^2/s^2			l, L
力のモーメント	kg·m^2/s^2			N
慣性モーメント	kg·m^2			I
力	kg·m/s^2	N	ニュートン	F
圧力	kg/m·s^2 (N/m^2)	Pa	パスカル	P
体積	m^3			V
エネルギー	kg·m^2/s^2	J	ジュール	E, U
仕事	kg·m^2/s^2	J	ジュール	W
熱量	kg·m^2/s^2	J, cal	ジュール，カロリー	Q
仕事率	kg·m^2/s^3	W	ワット	P
熱効率				η
エントロピー	kg·m^2/s^2·K(J/K)			S
電気量, 電荷	A·s	C	クーロン	q, Q, q_e, Q_e
起電力, 電圧, 電位差	kgm^2/A·s^3	V	ボルト	E, V
電気抵抗	kg·m^2/A^2·s^2	Ω	オーム	r, R
電気容量	A^2·s^4/kg·m^2	F	ファラド	C
電気伝導度	s^3/kg·m^2·A	S	ジーメンス	σ
磁荷, 磁束	kg·m^2/A·s^2	Wb	ウェーバー	q_m, Q_m
磁束密度	kg/A·s^2	T	テスラ	B
インダクタンス	kg·m^2/A^2·s^2	H	ヘンリー	L, M
屈折率				n
波長	m			λ
振動数	1/s	Hz	ヘルツ	f, ν
周期	s			T
光束	cd/sr	lm	ルーメン	Φ
照度	cd/m^2·sr	lx	ルクス	E

ギリシャ文字

大文字	小文字	読み方	大文字	小文字	読み方
A	α	アルファ	N	ν	ニュー
B	β	ベータ	Ξ	ξ	クシイ
Γ	γ	ガンマ	O	o	オミクロン
Δ	δ	デルタ	Π	π	パイ
E	ϵ	イプシロン	P	ρ	ロー
Z	ζ	ツェータ	Σ	σ	シグマ
H	η	イータ	T	τ	タウ
Θ	θ	シータ	Υ	υ	ウプシロン
I	ι	イオタ	Φ	ϕ, φ	ファイ
K	κ	カッパ	X	χ	カイ
Λ	λ	ラムダ	Ψ	ψ	プサイ
M	μ	ミュー	Ω	ω	オメガ

参考図書

　物理学の教科書や解説書は多数出版されている．物理学に興味をもったならば，それらの書籍でさらに学習することを勧める．以下はそのような書籍の一例である．

小暮陽三：身近な教養物理，森北出版（1988）
小出昭一郎：物理学[3訂版]，裳華房（1997）
大西直毅：物理学入門，東京大学出版会（1996）
林静男，三栗谷信雄：基礎教養物理学——考え方を中心に，朝倉書店（1980）
押田勇雄：物理学の構成，培風館（1976）
朝永振一郎編：物理学読本[第2版]，みすず書房（1969）
木下是雄：物質の世界——現代物理へのアプローチ，培風館（1972）
砂川重信：物理の考え方 全5巻，岩波書店（1993）
ファインマン他，坪井忠二他訳：ファインマン物理学 I〜V，岩波書店（1986）
金原寿郎：基礎物理学 上，下，裳華房（1963, 64）
久保亮五：統計力学[改訂版]，共立出版（1971）
戸田盛和他編：物理入門コース 全10巻，岩波書店（1982-84）
戸田盛和他編：物理入門コース 演習 全5巻，岩波書店（1990-91）
小林幹雄他編：数学公式集，共立出版（1959）
森口繁一他：岩波数学公式 I-III，岩波書店（1987）
長倉三郎他編：理化学辞典[第5版] 岩波書店（1998）
物理学事典編集委員会編：物理学辞典[改訂版]，培風館（1992）
国立天文台編：理科年表[平成12年版]，丸善（1999）
朝永振一郎：物理学とは何だろうか 上，下，岩波新書（1979）
曾田範宗：摩擦の話，岩波新書（1971）
富塚清：動力物語，岩波新書（1980）
本間三郎，山田作衛：電気の謎をさぐる，岩波新書（1994）
堀淳一：エントロピーとは何か，講談社ブルーバックス（1979）
小山慶太：光で語る現代物理学，講談社ブルーバックス（1989）
並木美喜雄：量子力学入門，岩波新書，（1992）
小山慶太：異貌の科学者，丸善ライブラリー（1991）

索引

ア行
アインシュタイン　81, 82, 152
圧力　94
アボガドロ定数　100
α 線　156
アンペールの法則　59
アンペール-マクスウェルの法則　64, 72
位置　2
位置エネルギー　90
位置ベクトル　11
因果律　31
ウィーンの変位則　152
運動エネルギー　89, 95
運動の第 1 法則　17
運動の第 2 法則　22
運動の第 3 法則　27
運動方程式　22
運動量　155
SI 単位　13
遠隔作用　42
エントロピー　122, 123

カ行
回折　135
ガウスの法則　49, 65, 72
重ね合わせの原理　134
可視光線　76, 144
加速度　20
ガリレイの相対性原理　25, 81
ガリレイ変換　20, 79
カルノーサイクル　113
干渉　135
慣性　17
慣性系　17, 24

慣性質量　23
慣性力　17, 26
気体温度計　97
気体温度計温度　98, 100, 117, 119
気体定数　99
起電力　67
基本単位　13
近接作用　42
クーロン　38
クーロンの法則　39, 56
クーロン力　39
屈折角　129
屈折の法則　130
屈折率　126
組立単位　14
クラウジウスの原理　121
経験温度　96
ケルビン　98, 118
原点　10
原理　126
光学距離　126
国際単位系　13
光子　153
光線　125
光速不変の原理　81
光電効果　152
交流電源　62
交流電流　62
黒体　145
固有振動　149
コンデンサー　62
コンプトン効果　155

索引

サ行

サイクル　111
作業物質　113
座標　10
座標軸　10
作用反作用の法則　27, 91
磁荷　55
磁極　55
磁気量　55
仕事　88
仕事関数　153
質点　28
磁場　57
周期　132
重心　28
自由電子　60, 153
周波数　75, 132
重力　33
重力加速度　33
重力質量　23
ジュール　89
準静的な過程　113
状態方程式　100
状態量　100
初期条件　29
初速度　29
磁力線　57
真空の透磁率　56
真空の誘電率　39
振動子　149
振動数　75, 132
振幅　133
スネルの法則　130
スペクトル　159
静電気　39
静電気力　39
絶対温度　98, 118
絶対屈折率　126
全反射　131
相対屈折率　127
速度　3

タ行

第1宇宙速度　32
大気圧　94
第2種永久機関　120
単位　13
単振動　134
弾性衝突　92
断熱圧縮　115
断熱膨張　114
力のつりあい　36
調和振動　134
直流電源　62
直流電流　47
直交座標　10
定常状態　159
定常電流　47
定常波　146
デカルト座標　10
電荷　38
電気素量　46, 155
電気力線　42
電気量　38
電子　38
電磁波　74
電磁誘導　67
電磁誘導の法則　70, 72
点電荷　43
電場　43
電流　46
電流の大きさ　46
等温圧縮　114
等温膨張　113
等速度運動　6
特殊相対性原理　81
特殊相対性理論　81
トムソンの原理　120

ナ行

内部エネルギー　107, 108
ナノメートル　38
波の谷　132

波の山　*132*
二重性　*155*
入射角　*128*
熱運動　*87, 102*
熱運動のエネルギー　*102*
熱源　*113*
熱効率　*116*
熱伝導　*110*
熱の仕事当量　*106*
熱平衡　*96*
熱平衡状態　*96*
熱放射のエネルギースペクトル　*150*
熱力学第1法則　*108*
熱力学第2法則　*121*
熱力学的温度　*98, 118*

ハ行

媒質　*42, 132*
パスカル　*94*
波長　*132*
速さ　*2*
腹　*146*
反射角　*128*
反射の法則　*128*
万有引力　*31*
万有引力定数　*31*
光　*75, 76*
比電荷　*53*
比熱　*104*
ファン・デル・ワールスの状態方程式　*101*
フェルマーの原理　*126*
不可逆現象　*121*
節　*146*
物質波　*161*
プランク　*151*
プランク定数　*151*
不連続スペクトル　*159*

平行板コンデンサー　*62*
平面電荷　*43*
ベクトル　*11*
ベクトルの合成　*13*
ベクトルの分解　*12*
変位　*3, 133*
変位電流　*64*
ボーアの量子条件　*160*
放射　*145*
ボルツマン定数　*100*

マ行

マイクロメートル　*38*
マクスウェルの方程式　*72*
見かけの力　*17*
ミクロン　*38*
ミューオン　*85*
モデル　*94*

ヤ行

ヤングの実験　*136*
誘導電流　*67*
陽子　*38*

ラ行

力学的エネルギー　*90*
力学的エネルギー保存則　*90*
理想気体　*100*
理想気体の状態方程式　*100*
リュードベリ定数　*161*
量子力学　*162*
臨界角　*131*
レイリー-ジーンズ　*150*
連続スペクトル　*159*
レンツの法則　*69*
ローレンツ短縮　*84*
ローレンツ力　*67*

著者略歴

穴田　有一（あなだ　ゆういち）
1981年　北海道大学大学院工学研究科博士後期課程（応用物理学）単位取得退学
1984年　工学博士（北海道大学）
　　　　日本ゼオン株式会社
　　　　国立苫小牧工業高等専門学校助教授
　　　　北海道情報大学助教授
　　　　クロード・ベルナール・リヨン第一大学客員教授
専　攻　高分子物理学
現　在　北海道情報大学教授

運動と物質——物理学へのアプローチ	著　穴田有一　Ⓒ　2000
2000年11月25日　初版1刷発行 2015年 3月15日　初版7刷発行	発行　**共立出版株式会社**／南條光章 　　　東京都文京区小日向4丁目6番19号 　　　電話　東京(03)3947-2511番（代表） 　　　郵便番号 112-0006 　　　振替口座 00110-2-57035番 　　　URL http://www.kyoritsu-pub.co.jp/
	印刷　加藤文明社 製本　協栄製本
検印廃止 NDC 420 ISBN 978-4-320-03397-9	一般社団法人　自然科学書協会　会員 Printed in Japan

JCOPY ＜(社)出版者著作権管理機構委託出版物＞
本書の無断複写は著作権法上での例外を除き禁じられています。複写される場合は、そのつど事前に、(社)出版者著作権管理機構（電話 03-3513-6969，FAX 03-3513-6979，e-mail: info@jcopy.or.jp）の許諾を得てください。

物理学の諸概念を色彩豊かに図像化！

カラー図解 物理学事典

Hans Breuer [著]　**Rosemarie Breuer** [図作]
杉原　亮・青野　修・今西文龍・中村快三・浜　満 [訳]

菊判・ソフト上製本・412頁・定価(本体5,500円＋税)

日本図書館協会選定図書

ドイツ Deutscher Taschenbuch Verlag 社の『dtv-Atlas 事典シリーズ』は、"見開き2ページ"で1つのテーマが完結するように構成されている。右ページに本文の簡潔で分り易い解説を記載し、左ページにそのテーマの中心的な話題を図像化して表現して、読者がより深い理解を得られように工夫されている。これは、類書には見られない dtv-Atlas 事典シリーズに共通する最大の特徴と言える。

本書は、この事典シリーズのラインナップ『dtv-Atlas Physik』の翻訳版であり、基礎物理学の要約を提供するものである。内容は、古典物理学から現代物理学まで物理学全般をカバーしている。使われている記号、単位、専門用語、定数は国際基準に従っている。読者対象も幅広く想定されており、中学・高校生から大学生、教師、種々の分野の技術者まで、科学に興味を持つ多くの人々が利用できる事典である。

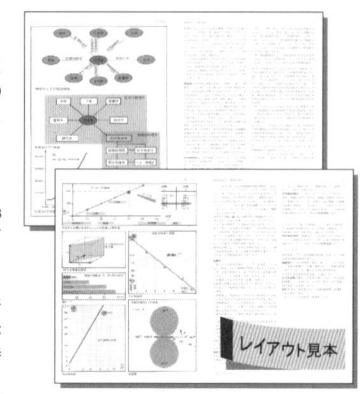

主な目次

- **はじめに**　物理学の領域／数学的基礎／物理量、SI単位系と記号／物理量相互の関係の表示／測定と測定誤差／他
- **力　学**　時間と時間測定／長さ、面積、体積、角度／速度と加速度／落下と投射／質量と力／円運動と調和振動／他
- **振動と波動**　振動／振動の重ね合わせと分解／固有振動と強制振動／波動／波動の重ね合わせ／ホイヘンスの原理／他
- **音　響**　音と音源／音速と音波出力／聴覚、音の大きさ／音のスペクトル、音の吸収
- **熱力学**　温度目盛と温度定点／熱量計と熱膨張／等分配則／熱容量／物質量／気体の法則／熱力学第一法則／比熱の比／他
- **光学と放射**　光の伝播／反射と鏡／屈折／全反射／分散／光の吸収と散乱／レンズ／光学系／レンズの収差／結像倍率他
- **電気と磁気**　電荷／クーロンの法則／電場と電気力線／電位と電位差／電気双極子／電気導体／静電誘導／電気容量／他
- **固体物理学**　固体／元素周期表／結晶と格子／結晶／固体中の電気伝導／格子振動：フォノン／半導体／他
- **現代物理学**　空間、時間、相対性／相対論的力学／一般相対論／重力波の検証／古典量子論／量子力学／素粒子／他
- **付　録**　物理学の重要人物／物理学の画期的出来事／ノーベル物理学賞受賞者
- **人名索引／事項索引**

http://www.kyoritsu-pub.co.jp/

共立出版

（価格は変更される場合がございます）